自然の中の宝探し

青木淳一 著

有隣堂

はじめに

鎌倉の、海を見渡せる丘の上に住んでいたころ、幼い私はたびたび森の木立ちの中へ、草原へ、川辺へ、引き潮の磯へ、目を輝かせてでかけていった。そこでは子供心をときめかせるさまざまな「宝物」が見つかり、それを大切に家へ持ち帰り、飽きもせずに眺めていた。

後に生物学者のはしくれになってからも、ほとんど同じ気持ちで調査にでかけている。研究の対象は森の落ち葉の下にひっそりと暮らしている可愛らしいダニの仲間である。ほとんどだれも見向きもしなかった、この微小な生きものを見つけることが、今の私の宝探しである。採集したものを標本にし、楽しい独り言を言いながら顕微鏡を覗いている。

子供たちにとっても、大人になった人たちにとっても、自然は宝の山である。だれでもが鋭い感性を持っていた子供のころは別として、残念ながら人は成長とともにその宝物を見つける感性を失っていく。自然を相手にする職業につけた私は、その点では感性を失わずにすんだが、別の道に進んだ方々の中にも、それを持ちつづけている人達もいる。おそらく、本書を手にとられた方は、私のお仲間だと思う。きっと、ある部分で共鳴してくださるにちがいない。

この本は、私が自然の中に身を置いて研究活動をしながら、ちらちらと横目で眺めた美しい自然の記憶、興味深い生きものの暮らし、楽しい思い出、考えを巡らせたことなどを、随想として新聞や雑誌に載せてもらったものをまとめたものである。国立科学博物館での一〇年、横浜国立大学での二六年、それから、神奈川県立生命の星・地球博物館での六年の勤務の合間に書いたものに、今回新たに書き上げたものをいくつか加えてある。したがって、時代的にずれた文章や、重複した表現もあることをお許し願いたい。また原文にも多少手を加えてあり、タイトルが変更されているものもある。

自然というデザイナーの作品は、どれもこれも素晴らしい。おもしろい形、見事な配色、精巧極まりない作り、魅惑的な香りと味。これを楽しまない手はない。観光施設がなくとも、そこに自然さえあれば、宝物を見つけ出す感性さえあれば、人生もっと楽しくなる。
本書の中から、堅苦しい学術論文の中では書けなかった私の自然に対する思いを汲みとっていただければ、それだけでも嬉しい。

平成十八年四月　沖縄ヤンバルの森を眺めつつ

青木淳一

目次

◆生きものの豆知識

自然の恵みと命

雑木林—なにかを探す楽しみがある

自然の中の宝探し

科学者は誰だって自分の研究対象と取り組んでいるときは楽しいに違いない。なかでもナチュラルヒストリー（自然史）の研究者の場合は特別である。なぜなら、彼らの研究対象は大自然の中に存左する動植物や岩石などで、それらを探索し、発見し、自然にあるがままの姿で観察したり、採集したりする楽しみに満ち満ちているからである。

近ごろは子供たちの昆虫採集なども罪悪視されてしまっているが、採集という心ときめく行為はナチュラルヒストリーの出発点なのである。これを禁止してしまったら、子供たちは森や川や海へ遊びに行かなくなり、自然に対して興味を失い、科学者の卵も育たなくなってしまう。潮だまりのハゼ、ヒトデ、浜辺の貝殻、カニの甲羅、樹液に集まるクワガタ、カブトムシ、ドングリ、マツボックリ、カマキリの卵嚢《らんのう》、鳥の羽、動物の骨、などなど。これらはみんな子供たちにとって宝物のようなもの。採ってきたもの、拾ってきたものを手で触り、じっくり眺めて比較する。ここに自然史の芽生えがある。

ところで、日本列島には一体どのくらいの種類の生物がいるのだろうか。たとえば、陸上の動物（淡水産のものも含み、顕微鏡的な微小なものは除く）について環境省の『日本野生生物目録』に出ている種類を集計してみると、脊椎《せきつい》動物が一一九九種、無脊椎動物が三万五四六二種。合計三万六六六一種となった。しかし、これは学名がつけられている種だけの合計であって、まだ種名がついていない種まで含めるとどうなるか。この値は誰にもわからないが、おそらく上記の種数の少なくとも二倍はあるだろうし、顕微鏡的なものまで入れれば、一〇万種をはるかに超えるであろう。

自然界には、まだ名前も与えられず、人知れず暮らしている生きものたちが無数にいるといってよい。それらを探して見つけ出すのもナチュラルヒストリーの研究者たちの大きな楽しみである。

私が研究しているササラダニ（簓蜱）類は森の落ち葉を食べる善良なダニであるが、そんな生物は誰も見向きもしなかったので、採集したものはほとんどに名前がなく、次々に新種として記載していった。日本全国二九〇〇地点の調査を終え、三〇〇種近い新種を発見して記載したが、まだ新種が出てくる。とくに、ほとんど人が行かない離島に上陸したときなどは、どんなダニに出合えるか、ワクワクして心ときめく。まるで宝島へ宝探しに来たような気分である。

ダニばかりでない。落ち葉の下や土壌中に生息するトビムシなどの原始的な昆虫、ハネカクシ、ムクゲキスイムシその他の微小な甲虫《こうちゅう》、サラグモなどの小型のクモ、ミミズ、線虫、灯火に飛来する小さな蛾、水中に生活する微小な甲殻類、海底の泥の中にすむ線虫などには、まだまだ未知の種がたくさん含まれており、早く名前をつけてくれ（といっているかどうかわからないが）と順番待ちである。

いまや日本の科学は世界の最先端を行っている。生物学の分野でもＤＮＡ分析をはじめ、遺伝子情報科学など実験室内で生きものを細かく切り刻み、ミクロの方向へと研究が進んでいく。青白い顔をした白衣の生物学者が増え、野山を駆けずり回り、真っ黒に日焼けした生物学者が減った。とくに大学の研究室からは野外生物学者が姿を消し、博物館の研究員として残存しているにすぎない。

日本の自然はまだ多くの未知の宝物を包括している。近ごろその重要性が指摘されている生物多様性の研究の基礎はナチュラルヒストリーにある。宝探しに情熱を燃やすナチュラリストの出現に期待するところが大きい。

弁当のおかずは山で

以前、カブスカウトの世話役（デン・ダッド）をやっていたころ、子供たちを連れて山に入った。そのとき、私は「弁当は白いご飯だけ持ってくるように」と言っておいた。おかずはすべて山で調達するのである。

さて、ちょうど昼どきに峠にさしかかり、お弁当の時間になった。「なんでもいいから、食べられそうなものを採っておいで」という私の指示で、子供たちは四方八方へ散っていった。木の実、木や草の新芽、キノコなど、いろいろなものが集まった。私はその中から、私の経験で絶対安全なものだけを選んだ。フジの蔓《つる》の先端、イタドリの芽生え、ハナイカダの葉、柿の若葉、アミガサタケ、アカガエル、サワガニ、ダンゴムシなど。携帯用コンロに火をつけ、それらの材料で空揚げと天ぷらをつくって、塩をふりかけた。ご飯だけの弁当におかずができた。みんな大喜びで食べた。自然の中にはこんな恵みがあるのだ、ということが子供たちの心に焼き付けられた。

　自然の大切さを子供たちにわからせるには「食べること」によって教えるのが一番、というのが私の持論である。木の葉一枚ちぎってはいけない、虫一匹つかまえてはいけないという指導をしてきた他のデン・ダッドやデン・マザーたちはびっくりしたが、ついに私のやり方に理解を示してくれた。まず、食べられるものを覚えること（これによって食べられない動植物もついでに覚えてしまう）。つぎに、採ったら必ずありがたく食べること（食べることによって、採取も許されること）。自分と家族が食べる分だけ採ること。ちょうど、かつてアイヌの人たちが樹木を切り倒したり、熊を射止めたりするとき、神に感謝を捧げたように。

石の下にいるダンゴムシもおいしいおかずに

　残念ながら、いまの自然保護教育は自然の恵みを教えない。自然の楽しさや怖さを教えない。自然に対して、まるで腫れ物にさわるような教育しかしない。だから、子供の心は、どんどん自然から離れていく。大人とちがって、子供は眺めるだけでは満足しない。「観察」だけしていて、手を出さない子供なんて、見ていて気味悪い。「市民の森」とか「ふれあいの森」とか、看板だけ立ててもダメなのである。「自然とお友達になりましょう」なんて口先だけで言っても、子供たちにとって、自然は怖いオジサンか、見知らぬ人になっていく。そんな子供が大人になったとき、日本の自然を心から愛し、守ってくれるだろうか。私はとても心配である。

キノコ狩り

今年もキノコ狩りが楽しみな秋がやってきた。友人夫婦を何組か誘って、いつもの山の麓で落ち合うことになっている。車の中には、キノコの種類に合わせていろいろな料理をするために、天ぷら油、味噌、大根おろし、唐辛子、バター、トマトピューレなどが積み込んである。その他に、すこし上等なステーキ用の肉、ビール、ワイン。

車は山道をクネクネと登り、湖畔に沿って走り、やがて滝の下に着く。いつもここで最初のキノコ採りを始める。針葉樹の立ち枯れ木を見上げると、丸く巻き込んだ黄色い傘の上に褐色のささくれ模様をつけたヌメリスギタケが群生している。量が多く採れるので、味噌汁や鍋にする。ここでは薄べったく真っ白なスギヒラタケもよく採れる。このキノコによる食中毒が新聞で報じられ、びっくりした。これを常食にしている地方はたくさんあるし、私たちも毎年食べているが、何ともない。吸い物にすると、見た目も上品でいいのだが、今後は気を付けねばならないのだろうか。

さらに登っていくと広大なミズナラ林に出る。ミズナラは最も多くのキノコたちが好む樹木である。平坦な広い林なので、迷子になりやすい。キノコ採りでこわいのは、第一に毒茸による中毒であるが、そのつぎに危険なのが道に迷うことである。たいていは道のないところを探し回り、キノコの出そうな大木の周りをグルリと回っただけで、もう方角が分からなくなり、もと来たところへ帰れなくなってしまう。

そこで、同行者には方位磁石と呼び子（笛）を必ず全員に持ってもらう。「ピッ、ピッ」と二回短く吹いたら「どこにいる？」という問いかけ、それには同じように「ピッ、ピッ」と返事をして位置を確認しあう。「ピッ、ピッ、ピーッ！」は「ちょっと、ここまできてくれ！」という合図。怪我したか、ヘビに噛まれたか、キノコの大群落を見付けたか、とにかく行ってみないとわからない。

ミズナラ林でもっとも多いのがナラタケ。栃木県では地方名でジョウケンボウと呼ぶ。褐色の傘の中央がちょっと色が抜けたようになり、そこにそばかすのような細かい点々がある。これは煮付け、味噌汁、大根おろし和えなどにして食べていたが、あるとき思い付きで塩焼きにしてみたら、意外においしかった。ただし、このキノコは食べ過ぎると腹を壊すこともあるようだ。

この林ではクリタケ、ムキタケもたくさん採れる。ムキタケは醤油と味醂《みりん》につけこんで網で焼くと、イカかアワビを焼いたような感じになる。これとよく間違われるツキヨタケは有毒なので、注意が必要である。ナメコもたくさん採れる。普段スーパーで買ってくる小粒のナメコと違って、傘の直径が五センチにも達し、味噌汁にいれるとベロンとして舌触りがいい。野生のシイタケも馬鹿でかい。直径が一〇センチ以上もある肉厚なやつを、バター焼きにすれば、まさにシイタケのステーキである。こうして、すでに採っているときから、料理法が頭に浮かび、舌なめずりをしているのである。

マイタケも森のどこかにあるらしく、あるとき背負い籠一杯にマイタケを詰め込んで出現したオバサンに出くわし、度肝を抜かれたことがある。頬かむりをしたこのオバサンは、どう見てもわれわれ素人とは違い、地元のキノコ狩りのベテランらしく、おそらく人には言えない秘密の場所を知っているのだろう。

夕暮れになって山小屋に着いてからの作業が大変である。みんなが採ってきたキノコを新聞紙の上にあけ、種類ごとに選別していく。いかにもうまそうだが名前のわからないものは、惜しいけれど捨てる。それから水を張ったバケツに入れ、てんでに歯ブラシを持ってキノコに付着している泥や落ち葉をこそぎ落とす。その間もそれぞれに自慢話や手柄話が続く。

白樺林の上に星がきらめきはじめるころ、山小屋のランプの下のテーブルには、種類ごとにさまざまに調理されたキノコの皿、冷たい流れの中から摘んできたクレソンを添えたステーキ、ビール、赤白のワインが並ぶ。これほど楽しい食事があろうか。みんな自然の恵みに感謝しながら、おしゃべりは夜更けまで続く。そして、明日の朝食のキノコ入りカルボナーラを楽しみに眠りにつくのであった。

なんでも食ってやろう

少年のころの私の家は鎌倉にあった。稲村ヶ崎の崖の上にあって、形のよい松の間から海がよく見えた。都心のスモッグの中でテレビばかりみているいまの子供たちにくらべれば、自然の中で思う存分跳ね回っていたぼくらは、とても幸せだった。

毎朝、裏山の梢を渡る風の音、波の音、長閑なコジュケイの鳴き声で目をさます。長い長い廊下を走って突き当たりの洗面所にゆくと、窓の外の岩に密生した羊歯《しだ》の葉に朝露がキラキラ光ったりしていた。

男の子の場合は早くから〝狩猟精神〟みたいなものが現われるらしく、前日こしらえておいた蟹取りの落し穴を見回ったあと、ぼくらは連れだっていつもの〝狩場〟へ向かう。そこは鎌倉山の山ふところに田圃《でんぽ》が入り込んだ場所で、もう三〇年近くも訪れないから、いまではきっと家が立ち並んでいることだろうが、当時はいろいろな獲物がとれた。オタマジャクシ、カエル、ヘビ、ザリガニ、トンボ、セミなど。

ただ、ふつうの子供たちと違っていたのは、それらの獲物をただいじめ殺してしまうのではなく、ぼくらはみんな食べてしまったのである。オタマジャクシはかき揚げにした。カエルはシャツをぬがせるように皮をむいて手足の先をちょんと切り、内蔵をきれいに除いて醤油につけ、魚焼網の上にのせると、まだピョンと跳ねたりした。ヘビは出刃包丁でトントンとよく叩いて味醂《みりん》と醤油につけて焼くと、化学調味料などかけないのに、不思議とそれをたっぷりかけたような味がした。

ヘビやカエルの属する爬虫《はちゅう》類・両生《りょうせい》類は動物分類学上は魚と鳥の中間に入るが、味のほうもまさに魚と鳥の中間であった。子供の舌はばかにしてはいけない。大人より鋭敏なのだ。魚が種類ごとにみな味が違うように、カエルだって上等のと下等のがある。ぼくらの試食の結果では一番おいしいのがア

ヘビに出くわすと「うまそうだ」という気持ちが先に立つ

カガエル、次がウシガエル、一番まずいのがトノサマガエルやアマガエル、それにくらべればガマガエルのほうがましであった。

ヘビにも味に上下があって、狩場から帰ると獲物を前にして将棋を指し、一番勝ったやつがシマヘビを手に入れ、負けたやつはアオダイショウとかヤマカガシなど、あまりおいしくない種類で我慢しなければならなかった。

ザリガニの最高釣高は一日に三人で三五〇匹だった。庭に大きな天ぷら鍋をしつらえて片っ端からほうりこんだ。あの大きな頭胸部と立派なはさみをもいでしまうと、食べられる部分は情ないほど小さくなってしまうが、味は上々であった。ジストマの危険があるが、よく揚げればまず大丈夫である。

トンボとセミは空揚げにかぎる。トンボはチリチリッと縮まってカリカリと歯ざわりがよく、いまだったらビールのつまみにもってこいだし、セミは少々塩気のある肉があって、これもうまい。こんな話をすると、現在では自然保護だなんだとうるさい人が眼を光らせそうだが、そのころは少々間引かれても少しもこたえない旺盛な自然があった。

一体全体、どうしてぼくらがこんなものまで食べるようになったか、つらつら考えてみるに、それはどうも戦中戦後の食べものの乏しさからきているらしい。ぼくらの少年時代はとにかく無性に腹が減った。たまにうまいものにありつくと、涙をポロポロ流しながら食べた時代である。だから、なんでも食えそうなものは口に入れてみたのである。

そのいやしい根性がいまだにぬけきれず、山へ出かけても食べられそうなものを探し回る。家内に買物をたのまれれば喜んでいそいそと出かけ、魚屋の前では眼の色変えて立ちつくす。そのくせ、わたしは少しも太らない。シャツのボタンがあばら骨にさわって痛いくらいである。

犬でもあまりいろんな餌をやると太らない。一部の奥様方よ、この原理を応用してもだめでしょうか。

子供の虫取り禁止するな

毎年夏休みになると、大人になってしまった私も、あの楽しかった虫取りの思い出がよみがえってくる。

獲物を求めて林の中にわけ入っていくときの心のときめき、誰にも教えないクワガタの集まる秘密の木、手づかみにしたかたい虫の感触に全身が震えるような感動。いまの大人たちはいけないと言うけれど、こんな楽しみを取り上げられてなるものか、と子供たちは言いたいことだろう。

学校の先生も、お父さん、お母さんも、みんな虫は取ってはいけませんよ、と言う。手を後ろへ回して観察しなさいと言う。すべての大人がこの考えに賛成らしいのだが、私にはどうしても納得がゆかないのである。

一般に、昆虫採集や虫取りがいましめられるのには三つの理由がある。第一は学問的に貴重な生物が滅びること、第二は生きものはやたらに殺してはいけないということ、第三には自然の生態系を破壊してはいけないことである。さて、子供たちのために一つ一つ反論してゆこう。

まず第一の点は、虫取りとはほとんど無関係である。子供たちの獲物の対象となる虫は、その大半が全国的に普通の種であって、学問的に貴重な、保護しなければならないような種は含まれていない。限られた場所に生息地が限定されているような珍種を集中的にねらい取りするのは、昆虫の収集を趣味としている一部の大人たちなのだから、彼らが良識をもって行動してくれればそれですむことである。

第二の点、すなわち生命の尊重ということであるが、大人たちは魚を捕り、牛を殺し、ゴキブリをたたきつぶす。相当に多量の虐殺をやってのけているのである。これを子供たちにどう説明するのであろうか。自分たちの生活のために必要な場合には殺してもかまわないという人がいるだろう。しかし、これでは生命の尊厳を説く資格は毛頭ない。虫をすべて害虫と益虫にわける考え方はもう古いし、真の生態系の理解のさまたげになるばかりである。

第三の問題、自然破壊や生態系のかく乱の点についても、子供たちにはあまり責任はない。生物界には巧みな密度調節機構があって、あらゆる生物には極めて多種の天敵がいる。子供たちも、その数多くの天敵の一種と考えればよい。

Aという天敵（子供）が捕獲をやめたところで、その代わりにBやCという天敵が余計に殺してくれるだけである。無数の捕食者や寄生虫のような天敵にやられる量にくらべれば、子供たちの虫取りの量はそれほどたいしたことではないはずである。

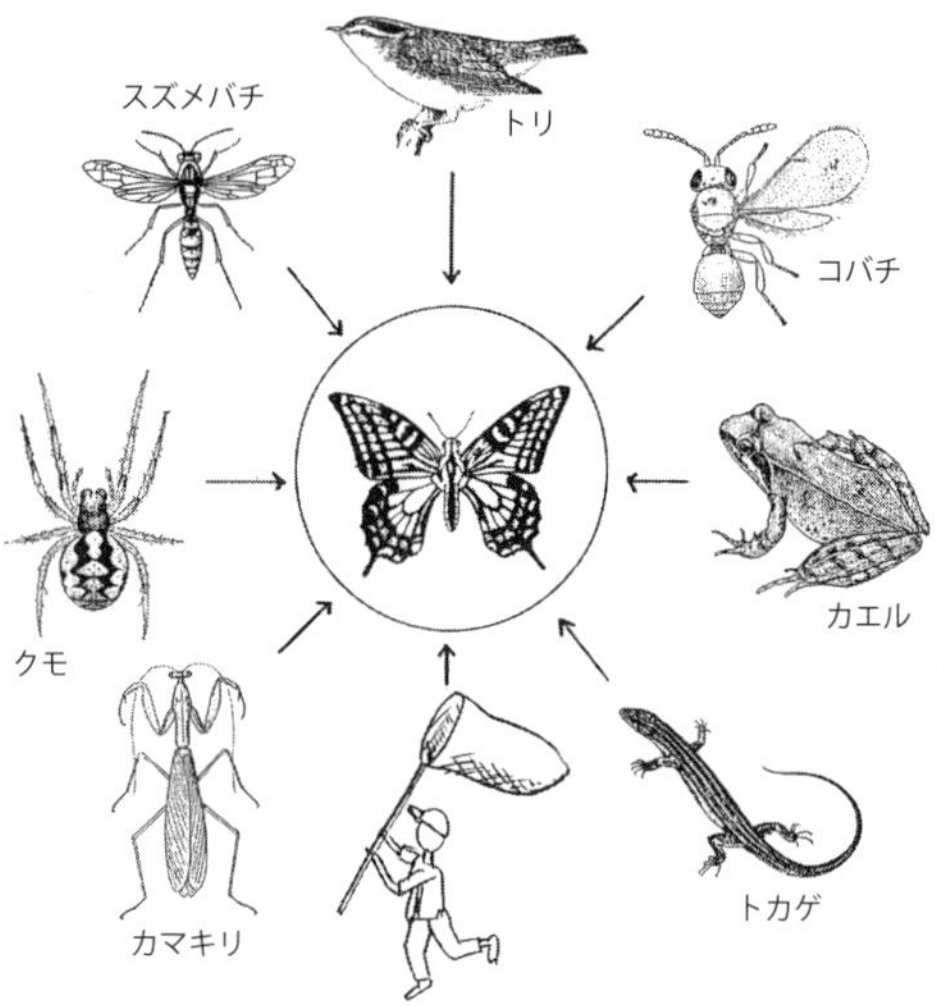

アゲハチョウをめぐる天敵のいろいろ

それよりも、虫たちにとってもっと恐ろしいのは、すみ場所の破壊や消滅である。広大な面積にわたって林が伐採され、宅地造成などが行われたり、強力な殺虫剤がまかれたりすれば、そこにすみついていた虫は天敵もろとも根絶してしまう。大人たちの考えることはまさに本末転倒であって、子供たちが昔からやってきた虫取りそのものが悪いのではなく、子供たちが安心して虫取りができる環境を残してやることこそ大切ではなかろうか。

食料や衣類の原料として生物を捕獲することが必要なのと同様、子供たちの生活にとって虫は欠くことのできない必要品であり、本能的な欲求の対象である。

もし、子供たちが大人たちとは別種の生物だと仮定したら、虫取りを禁ずることはたいへんな間違いである。人間が自然を破壊することによって、ある種の生物（子供）の生活の場や狩りの場をせばめておきながら、その環境が希少になったからといって、その生物の活動を抑えるのと同じになる。

ただし、「カブトムシ取り」などが、日本特有の現象であるもろもろのブームの一つになることには賛成できない。禁ずることもよくないが、大人が手伝うこともない。子供たちの工夫にまかせておけばよい。

きれいなテントウムシをみつけ、取ろうとしたら「いけませんよ」といわれて小さな手をひっこめた子供のうらめしそうな目。私はこの目を見て泣けて仕方がない。反論のできない子供たちに代わって、私はあえてタブーを犯して発言したい。たとえ、袋だたきにあってもかまわない。

うわべだけの「自然は友達」

近ごろ気になる言葉に「お友達」というのがあります。通勤途中に幼稚園があって、幼稚園を覗きながら歩いていくのですが、先生が、年長さんの「お友達」とか、年少さんの「お友達」と言っているんです。「これは桜組のお友達が描いた絵です」というように。名前も知らないのに、体に触れたこともないのに、「お友達」と言うのですね。テレビの子供の番組もそうです。初めてスタジオで会ったのに、なんでお友達なのだろうか。

そういうように、やたらに「お友達」という言葉を使うから、本当の友達というのは何なのか、わからなくなってしまうわけです。肩を組んで歩いたことがあるとか、取っ組みあいの喧嘩をしたとか、泣かせたとか泣かされたとか、その子の家に行ってたまにはご飯をご馳走になるとか、一緒の布団に寝るとか、そういうことがなければ友達とはいえないわけですね。

それと同じようなことが「自然は友達」という表現の中にも見られます。本当に自然と友達になったわけではないのに、かけ声だけとか標語だけで、そのような錯覚を抱かされているケースが何と多いことでしょう。「ふれあいの森」とか「わんぱくの森」などというのがあっても、木の葉一枚ちぎったらおこられるのですから、どうにもなりません。

自然観察会などもお行儀がよすぎます。熱心に指導をしておられる方にはまことに申し訳ないのですが、子供の様子を見ていると、お勉強という顔をしている。ちっともおもしろそうな顔をしていません。感心しているのはつきそいに来たお母さんだけなんです。

確かに、自然というのも、昔は子供たちの親友であったと思います。ところが、いまは自然というのは子供にとって見知らぬ人であり、怖い人であり、ときにはいやな人であり、ときにはどうでもよい人であるわけです。お友達になりなさいということを強要されるものですから、子供としてはひじょうにやりにくい。

本来、子供は自然の中にほうり出して自由にさせておくのがよいと思います。たとえば、自然のなかからものをとってきて集めるという行為は、とても心ときめく行為です。自然科学の入口に入るにあたっては、この心ときめく採集という行為から入るのが、私は最も自然であると思っています。見つける喜び、集める楽しさ、比べるおもしろさ、これがナチュラルヒストリーの原点なのではないでしょうか。

昔のように、夏休みに強制的に昆虫標本をつくらせたりするのはよくありませんが、子供たちが自分から自然の中へ入っていって集めてきた石ころ、木の実、鳥の巣、テントウムシ、ヘビのぬけ殻などを宝物のように大切にして、いつまでも感動をもってそれを眺めているという、そういうことは邪魔をしてはいけないのではないかと思います。

取ってはいけない、持って帰ってはいけないということを言うと、いくら森へ行け、川へ遊びに行けといっても、子供たちは行くわけがありません。ザリガニやオタマジャクシが取れるから川へ行くのであり、カブトムシやクワガタがいるから森の中へ目を爛々と輝かして入っていくわけです。それをいま、お父さん、お母さん、あるいは学校の先生たちは禁止をしてしまうわけです。

大人が自然の中に入ってたいへん気持ちがいいなと喜ぶのは、緑を眺め、鳥の囀《さえず》りが聞こえるときです。この二つでだいたい満足します。ところが、子供は緑を眺めて鳥の声が聞こえただけでは、〝ああいいな〟とは思わないんです。子供が自然の中に入っていってイキイキするのは、「よじ登る、ちぎる、むしる、つかむ、もぐり込む、拾う、ほじくる」というような動詞（形容詞ではない）であらわされる行為を身をもって行ったときです。

実は、こういうことをやってかまわない環境というのがあるんですね。それは一般に雑木林とよばれている林です。もう少し学問的にいうと二次林ということになりますが、関東地方でいうと、クヌギとかコナラの林です。ところが、そういう林へ行ってみると、「虫を取ってはいけません」とか、「草花を折るのはよしましょう」なんて札が立っています。あるいは、有刺鉄線で囲ってあって子供が入れないようになっています。まるで雑木林を聖域のようにして保護しているわけです。

雑木林を有刺鉄線で囲って、まったく人を入れないで保護しておいたらどうなるかというと、シイやタブやカシなどの常緑樹が芽生えてきて、やがては冬でも暗い照葉樹林に変わってしまいます。この照葉樹林というのは最も自然林に近い林ですから、それが復元されることは喜ばしいのですが、子供たちの遊び場としては照葉樹林は楽しくありません。暗いし、木の実や花があんまりない。鳥や虫も少ないのです。

それにくらべると、半自然状態の雑木林がいちばん動植物の種類数も豊かですし、季節季節によってがらりと様子を変えます。春は一斉に芽吹いて、夏は日をかすかに通す緑の薄い葉が樹冠をおおい、もちろん秋になれば紅葉し、冬になれば全部葉を落として、カサコソと落ち葉を踏みしめて歩く明るい林になります。日本人のこまやかな感性というものは、おそらくそういう環境で落葉樹を見ながら育まれてきたものではないでしょうか。

どういうわけか、虫を殺した子供は大人になれば平気で人を殺せるようになると、ひじょうに短絡的な考え方をする人が多いのです。しかし、恐ろしい犯罪を犯した人というのは、むしろ虫も殺したことがない人ではないでしょうか（一連の幼女殺しの犯人のような、殺すこと自体が目的の虫殺しは別です）。

バッタを捕まえてきて飼っていたら死んでしまった。トンボに糸をつけて飛ばしていたら、そのうちに死んでしまった。これは、ちょっと残酷のようですが、そのことによって、どんな虫にも命があるんだということが、心の痛みとともに理解できるのではないかと思うんです。

ですから、できるだけ命を大切にする教育をしたいと思ったら、少し乱暴な言い方ですが、できるだけ多くの生物の死に直面するほうがいいのではないか。生きものが死ぬ場面をできるだけ多く見ておいたほうが、限りがある命というものを知るうえでは大事なのではないか、というように考えます。

子供たちが昔からやってきた遊びはいろいろあります。ベーゴマを回したり、竹トンボを飛ばしたり、カン蹴りをしたり、虫取りもそうですが、昔から子供たちがずーっとやってきた遊びで、悪い遊びというのは一つもないと思うんです。ところが、世の中が変わり、環境が変わったために、昔は罪悪でなかったことが罪悪とよばれるようになってしまう。これはとても変なことではないかと思います。昔から子供たちがやってきた虫取りという遊びが安心してできるように、そういう場を残してやることが、われわれ大人のつとめなのではないかというふうに考えます。虫取り禁止というのはまったく本末転倒です。

それから、ちょっと間違った自然保護教育、生命尊重教育が徹底してしまったおかげで、最近、ひじょうに困ったことが起こっています。これは実際に体験したことですが、ある小学生の男の子が、アジの干物が食べられないというんです。なぜだと聞いたら、「お魚がにらんでる」と言うんです。シラス干しもかわいそうで食べられない。それから、ある小学生の女の子ですが、山へ連れていったら、道路は平気で歩いていたのですが、どうしても森の中へ入れない。「どうして?」と聞いたら、「草を踏むのがかわいそうだから」と言うんです。

私はこの二つの例をみて、これはちょっと困ったことになったなと思ったんです。これは自然保護教育、生命尊重教育の見事な成果であります。ところが、おもしろいことに、それとまったく反対に、生きもの感をまったく喪失してしまうということもあります。たとえばスーパーで売っている魚とか野菜が大自然のなかで太陽の光を浴びて育った生きものであるということが、どうもピンとこなくなっているわけです。

大自然のなかで木イチゴを摘んで食べたり、クワの実を口を真っ赤にして食べたり、山菜を採ったり、キノコを採って食べたりすることには本能的な喜びすら感じます。自然の恵みに感謝しながら、大自然の中で育ったものを、嬉しくありがたくいただくのだということを忘れたくありません。そういう感覚を大事にし、自然とのきずなをいつまでも保っていくためには、子供が自然の中で、あまり禁止事項のない状態で自由に遊べることが大事なのではないか、というように考えるわけです。

生命尊重教育というのはひじょうに難しいものですが、何でもかんでも、生きものには大切な命があるのだから、捕まえてきたり殺したりしてはいけませんよ、ということをあまりに幼児のころから頭にたたき込んでしまうことは間違いだと思います。

ニューヨークの大学のジュルポーグ博士（精神病理学者）が、「人間の性質には、そっとしておいて目覚めさせないほうがいい性質、あまり子供のころに開発したり、早く引き出さないほうがいい性質とか能力というのがあるのだ。これをあまりに早く幼児のころに引き出してしまうと、性格上のバランスがおかしくなって、少し大きくなってから精神異常者になる。いま、精神病質者すれすれのところの人がひじょうに増えているのは、そういう過剰な幼児教育というものにも一つの原因がある」ということを言っております。そういうことも考えますと、幼児のうちに生命尊重教育をするのは考えものではないかと思います。

自然保護教育というのは、情緒で教えるべきではない、生命尊重教育と結びつけて教えるべきではない、理屈で教えるべきであると思います。そうしないと、たとえばシカを殺してはいけないけれどブタは殺していい、テントウムシは殺してはいけないけれどゴキブリはスリッパでつぶしてもいい。それが子供にわかりますか。子供はものすごく悩むと思います。悩んだあげくに結局どうするかというと、全部かわいそうだというふうに思い込まざるを得ないわけです。ですから自然保護教育は理屈で教える。これは屁理屈です。ところが屁理屈がわかるようになるのは、中学生になってからであって、それでも遅くないと思います。

最近、とても感動した子供むけのアニメーションの映画で、「となりのトトロ」（監督・宮崎駿）というのがあります。ストーリーの紹介は省略しますが、私は、嬉しくて、楽しくて、涙をポロポロ出しながら何度もビデオを見ているんです。子供と自然の理想的なつきあい方が、そこにはあるわけです。

自然の大切さということを子供に教えるのなら、物心ついたころから子供に自然の大切さを教えるのではなしに、物心ついたら、自然とほんとうの友達になることをまずやって、それから後のほうで大切さを教えるという、そういう順序でなければならないのではないか。それが正しい教え方ではないかと、勝手なことを考えています。

アジの干物がにらんでる

最近、焼き魚が食べられないという子供が増えてきた。なぜかと聞くと、「お魚がにらんでる」という。シラス干しがかわいそうで食べられないという女の子も多い。

この異常事態は、私に言わせれば、動物愛護教育、生命尊重教育の見事な成果と言わざるをえない。公園や雑木林へ行けば、「草花をちぎってはいけません。虫を取るのはやめましょう」の立て札ばかり。子供たちの好奇心を押さえ付けて、大人は平気な顔をしている。

少年が殺人を犯したりすると、もっと生命尊重教育をしっかりやらなければいけないという識者の声が乱れ飛ぶ。それがまったく逆効果になっているということに気づかない。

いま、子供たちは自然や生命を大切にしなければいけないことを、頭では理解してい

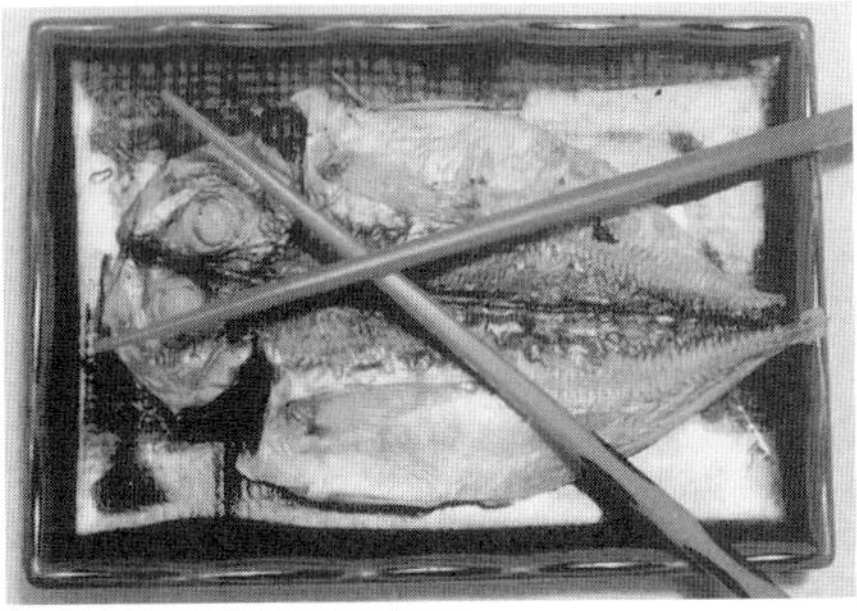
「にらんでる」アジの干物

るけれど、心で思っていない。虫をみれば、「こわい、きたない」か「かわいそう」かのどちらかの反応しか出てこない。かわいい、うれしい、おもしろい、楽しいといった感動は湧いてこない。これでは本当に命の大切さなど、わかるはずがない。

　特定な場所をのぞけば、雑木林など子供たちが何をしてもいい場所のはずである。へんな教育はおやめなさい。いま必要なのは、親や教師がだまっていることである。子供たちを自然の中で「放牧」すれば、きっといい子に育つはずである。

親は遠くで見守っていればいい。虫取り少年は人を殺さない。

死んだらかわいそうな動物

講義室に入るなり、私は学生たちに用紙を一枚ずつ配った。びっくり顔の学生たちも、テストではないという説明に安心して、鉛筆を動かしはじめた。その用紙には次のように書いてあった。

「朝起きてみたら、次にあげる動物が死んでいた（とする）。君はどんな気持ちになるか。次の四段階の答えをそれぞれの動物の横に書きなさい。(A)かわいそうで涙がでる。(B)かわいそうだが涙はでない。(C)あまりかわいそうでない。(D)ざまあみろ。以下、動物名ズラリ……。

学生たちの回答を集め、最も多かった答えによって集計区分してみると、次のようになった。

(A)かわいそうで涙がでる——自分によくなついていた犬、子猫のときから育てたネコ。
(B)かわいそうだが涙はでない――飼いリス、手のり文鳥、インコ、金魚、スズメ、自分の家のニワトリ、よその家の犬。
(C)あまりかわいそうでない――カブトムシ、モンシロチョウ、ガマガエル、アオダイショウ、ミミズ。
(D)ざまあみろ――ドブネズミ、マムシ、ハエ、台所のゴキブリ、ゲジゲジ。
なぜこんなことをやったかというと、自然保護だとか動物愛護だとかいうときに、どんな動物がその対象になるのか、いまの若者の気持ちを通して調べてみたかったからである。

答えはほぼ予想通りで、涙がでるのは哺乳類に限られ、涙がでないがかわいそうなのは、ほとんどが鳥類（以上すべて脊椎動物）、脊椎動物の中でも爬虫類、両生類や虫などの無脊椎動物になると、「かわいそう」という感情はうすらいでくる。そして有害なものや不潔なものになると、「ざまあみろ」となる。ただし、この中には、ゲジゲジのような無害有益なものも含まれている。

天然記念物に指定され、保護の手を差しのべてもらえる動物というのも、まず学問的に貴重であるより前に、この「死んだらかわいそう」という範ちゅうに入ることが第一の資格となるようである。

つまり、何だかだといっても自然の中で等しく一個の生命をもつ多くの種類の動物は、人間によって対等に扱われているわけではなく、かなり勝手気ままな人間の感情によって保護されたり、殺されたりしているのである。

なにも私はすべての動物を保護せよ、と言っているのではない。ただ、往々にして、「貴重な生物」といわれるものの多くが、動物の場合には「かわいそうな動物」の中から選ばれているのがちょっと困ると思う。物事をまじめに考えようとするとき、この「かわいそう」というのはかなり厄介なくせものである。人類はかわいそうな動物だけを殺さないでいれば、それはそれでいいではないか、と匙《さじ》を投げたくなるときがある。

私の好きな動物

私がこの世で一番こよなく愛しているのはダニであるが、それ以外では何が好きかと問われれば、次のごとく答える。

「眺める」のが好きなのは、アオウミウシ。鎌倉の磯で捕まえてきて水槽に入れたら、体の両脇を優雅に波打たせながら見事に泳ぐ。目の覚めるような青い体に黄色いすじ、赤い触角。その色彩の美しさには息をのむ。

「触る」のが好きなのは、ルリヒラタムシという甲虫《こうちゅう》。山奥の倒れ木の樹皮の下にひっそりと隠れているのを見つけ、その瑠璃《るり》色で平たくかたい背中を指でそっと撫でると、ゾクゾクするくらい嬉しい。

「探す」のが好きなのは、ホソカタムシ科の甲虫。実にぜいたくな虫で、ちょうどよい枯れ具合の枯れ木の皮の下に潜んでおり、なかなか見つからないから、見つけたときの嬉しさといったらない。体色は地味だが、ガッチリとかたく、体の両側が平行、体表面には見事な彫刻を施す。人に見つかってもアタフタと走って逃げることなく、ゆっくりと移動するところが気品に満ちている。

「食べる」のが好きなのは、カワハギ。私の誕生日には、肝入りの煮付けが食卓に並ぶ。そりゃあ、本物のカワハギのほうがいいが、ウマヅラハギも値段が安い割りには結構うまい。二番目はアマダイである。

「飼う」のが好きなのは、熱帯魚のオスカー。幼魚のうちはチョコマカ泳いで可愛らしく、成魚になるとどっしりとしてあまり動かず、私が帰宅すると、ギロッと目玉だけ動かして挨拶する。貫禄十分な魚である。

「一緒に暮らす」のが好きなのは、犬。代々ミニチュア・シュナウザーを飼っていたが、主人を見上げる時の目付きがたまらない。飼い主に似て魚好き、ドッグフードよりもキャットフードを好む。食事も風呂も寝るのも一緒。溺愛といってもいい。いまは犬の短命を嘆くばかり。

ムササビ落とし

小田原のロータリークラブで卓話《たくわ》を頼まれた。卓話というのは昼食後に三十分話をすればいいのだが、私の専門のダニの話を食後にするのもどうかと思い、台湾の山岳地帯の調査で私たちに同行してくれた高砂族《たかさご》の話をした。

九つの種族に分かれるかれらが共通語としていまだに日本語を使っていること、重たい米、肉、ピータンなどをかついで、毎日、山中でもおいしい料理をつくってくれたこと、雨の日でもよく燃える紅檜《べにひのき》の樹皮をはいできて炊事をしてくれたことなどを話したが、とくに感心したこととして、かれらが山中で発揮した素晴らしい能力について触れた。

われわれが肩の荷物を下ろして休んでいる間、かれら三人は三〇メートルほど離れた樹木の幹に石を投げて当てる競争を始めた。驚いたことに、三人とも八割以上の成功率で、ピシッと幹に石を当てた。その夜、月が照らす高い樹木の梢から梢へ飛び移るムササビを見事に石を投げて打ち落とし、懐中電灯も持たずに、すぐに拾ってきた。かれらには、われわれがすでに失ってしまった距離感覚、方向感覚、暗い場所でも見える目の力が本来の能力として備わっているのだ。

最も文明の進んだアメリカでは、ナイフを持って鉛筆を上手に削れる人は極めて少ない。電動式缶詰開け器を使わずに、ふつうの缶切りで缶詰を開けられる主婦も少ない。停電になったら、たいへんである。私たちの子供のころ、橋の上でリンゴの皮をむき、それが長いひも状になってぶら下がり、誰の皮が先に川面に達するかという競争をしたものだが、そんなのを見せたら、びっくりするにちがいない。

便利な器具・機械の出現は、われわれの身体から器用さを奪うだけでなく、あらゆる能力を取り去っていく。私がパソコンを使うことに最初強く抵抗したのは、この至極便利な

台湾の高山族（高砂族）の青年

機械の出現によって、人間は体だけでなく脳の能力まで失ってしまうのではないかと恐怖したからである。

多分、これらの心配は的中し、やがて人類は道具を奪ったら何もできない、クラゲのようなブヨブヨした生きものになっていくのだろうか。あのクラゲのような火星人は、かつては素晴らしく高度な文明を持っていた生きものの成れの果てかもしれない。ある生物学者に言わせると、遺伝学的、進化学的にみれば、生物としてのヒトの将来はお先真っ暗だという。

オリンピック選手が次々と記録を塗り替えていくのを見て、私たちは人類の能力が向上しているかのごとき錯覚に陥っているが、これは極めて一部の少数の人間の努力の結果であって、文明人全体の能力は毎年下降しつづけているのである。

赤々と燃えるたき火でムササビの肉をあぶって頬張る高砂族の笑顔を見ながら、かれらの手足の力、器用さ、感覚の鋭さ、生き抜くための数々の知恵を目の当たりにし、文明国の人類の頼りなさをつくづく思い知らされたのである。

神社林詣で

自慢にはならないが、私ほど多くの神社に詣でた人間はいないのではないかと思う。一応わが家は神道が建て前であるが、それほど信心深いわけでない。多くの日本人同様、かなりあっさりした神様信仰である。私の目的はまったく別なところにあって、ダニを採集するためなのである。

私が日本全国のダニ採集行脚を始めたのがいまから三〇年前である。誤解されると困るのであるが、私が研究しているダニは人畜の血を吸ったりする嫌らしいダニではなく、森の落ち葉の下にひっそりと暮らすササラダニ類というグループで、落ち葉や枯れ枝を食べて分解し、豊かな土作りをしてくれている無害な、というより有益なダニたちである。

このダニたちがもっとも好む住みかが自然がよく保たれた森林の土壌である。人間の干渉で自然林が二次林や人工林になると、ダニの種類組成が変わり、種類も減ってくる。だから、その土地には本来どんな種類のダニが生息しているかを調べるためには、昔からの自然植生が保存されている場所を調べる必要がある。それには神社の森がうってつけである。

私のやり方は少し贅沢ではあるが、空港に下り立つと、まずレンタカーを借りる。車体の塗装は白かメタリックを選ぶ。なぜなら、採取した試料のために日射による車内温度の上昇をできるだけ抑えたいからである。走りはじめると、コンビニに立ち寄る。そこでひとつ無駄な買い物をして、あとで採取した試料を入れるためのダンボール箱をもらう。何も買わずに「ダンボールください」というのは、気が弱い私にはできない。

昔ながらの森が残っている神社の周辺

次に、五万分の一の地形図を広げ、神社を示す鳥居の印を探し、そこへ向かってまっしぐらに走る。神社の裏には小面積ながら、こんもりとした自然の森が残されている。昔から神社の森の樹木を切ると祟《たた》りがあるとされ、保護されてきたのである。たいていはシイ、タブ、カシのような常緑樹の一抱えもある大木が鬱蒼《うっそう》と茂り、暗い林内にはサラダニの大好きな落ち葉が厚く堆積している。私の目的はこれである。

まず、神殿に向かい、お賽銭（といっても、わずか十円）を投げ入れ、神社裏の落ち葉を少々いただきたいと、お願いする。お賽銭もあげずに、「神様、落ち葉をください」とは、気の弱い私には言えない。そのくせ、ついでに家内安全を祈ったりするのだから、「十円じゃあ、少ないよ」と神様に言われそうである。こうして研究室に持ち帰った落ち葉をダニ分離装置に入れると、珍種を含むたくさんのダニが抽出されるのである。

この調査のために、私は日本列島を二十万分の一の地勢図を基準に五四区画に区分し、それに五〇の島々を加え、それぞれについて神社林を数箇所ずつ調べたから、訪ねた神社の数は約二三〇に達した。沖縄県の島々には神社はないが、代わりに御嶽《うたき》という、神が降りてくる神聖な場所があり、そこにはガジュマルなどの大木が茂り、手つかずの自然が残されているので、私の目的は達成される。もちろん、比較のために、二次林やスギ・ヒノキの人工林も調べる。それも入れると、約三〇年間で三〇〇〇地点の場所で落ち葉を採取したことになる。

いずれにせよ、日本列島を升目で区切って、その中を徹底的に調べるのだから、車でなければ、どうにもならない。しかし、一昔前のレンタカーはひどいのもあって、しばらく走って時速五〇キロ以上出すとハンドルがガタガタ揺れだしたり、片方のウインカーがでないことに気づいて引き返したりしたこともあった。山中の暗い夜道で突然ヘッドライトが消え、ヒューズがどこにあるのかもわからず、しばし途方にくれ、やってきたトラックの後に必死でピッタリとくっついて町まで出たこともあった。

それよりも、生まれつき方向音痴で、そそっかしい私は、書くのも恥ずかしい失敗をやらかす。反対車線側にあるレストランに入って食事を済ませ、出発するときにうっかり左折してしまう。しばらく走ると、なんだか見覚えのある景色が次々と出てくる。「あっ、戻ってる!」と気がつくのはかなりの距離を走ってからである。

夏の暑い日、食事中に車内が暖まってしまうのが心配で、採取した落ち葉の入った袋を取り出し、車体の下に潜らせて並べた。これなら陽は当たらず、風通しもよい。我ながら素晴らしいアイデアだと思った。さて、安心して食事を済ませたのはいいが、その

神社の森の落ち葉の中からは多くの虫が採集できる

まま出発し、走り去ってしまった。車内に大切な落ち葉の袋がない（！）ことに気づいたのも、かなり走ってからのことである。

だれも見向きもしない森のダニの研究を長年コツコツと続けたということで、南方熊楠《みなかたくまぐす》賞というのを頂きに和歌山県の田辺市に赴いた。熊楠も田辺湾に浮かぶ神島《かしま》の森などの神社林を残そうと奮戦した人である。ヨーロッパの都市近郊にはウィーンの森をはじめ、立派な森があるが、これらはみな一度破壊された後に作られた森である。昔からの自然が手つかずに残存している日本各地の神社林の存在を、ヨーロッパの学者たちはとてもうらやましがる。生物学的にみても、日本の貴重な財産である。

もし、ヒトがいなかったら

いまから約四六億年前に地球が誕生し、三五億年前ころに初めて原始生命が出現した。その後、生物は進化をとげ、着々と種類を増やし、地球は生命に満ちあふれる緑の星となった。当たり前のように思われているが、これはいくつもの条件が偶然に重なって生じた宇宙の奇跡なのである。そのような星に自分が生まれ出てきたことに、まずは感謝しなければならない。

しかし、一億種以上いるといわれる地球上の生物の中のたった一種であるヒトという生物が、ここまで進化し、文明を発達させ、地球の表面を変化させてしまったことも、また奇跡に近い。造化の神はそのことを予測しなかったのであろうか。

もし、地球上にヒトが現れなかったら、どうだったろう。地表をおおう森林面積はいまよりはるかに大きく、獣は走り、鳥は歌い、蝶は舞う。湖や川の水は清らかに澄み、海辺は美しく、さまざまな水生生物に満ちあふれる。目をつぶり、まるで楽園のようなその光景を想像するだけで、歓喜の涙が出てきそうになる。でも、それは自分たち人間がいなかった場合のことである。それを思うと情けない。悲しい。まるで自分たち人間が害虫のように見えてくる。

「もっと自然に優しくしなければ」と、みんなが思っている。そう思いながら、ひどいダメージを自然に与え続けている。なにか人間の生活を根本的に変えなければ、という思いが強くなる。アメリカ人、インド人、アフリカ人、中国人、日本人……皮膚の色、習慣、言葉がそれぞれに異なっていて、いろいろな種類の人間がいるように思われるが、生物としては実は一種、学名 *Homo sapiens*（ホモ・サピエンス）なのである。

ヒトは地球上一億種の生物の中のたった一種なのだということを、まず認識しなければならない。この地球環境の大変化、これがたった一種の生物のやることか！　ヒトよりもはるかに力の強いアフリカゾウだって、ゴリラだって、こんなことはできやしない。

人間による都市化が生物の住みかを奪っていくという。しかし、私はそうは思わない。人間が都市に高密度に集中して住むことによって、かなりの自然が救われている。

いまの人間に「ばらけて」住まれたら、たまったものではない。「害虫閉じ込め作戦」と言ったら怒られそうであるが、結果的にはそれでよい。富士山五合目の駐車場付近は大変な賑わいである。焼きトウモロコシにおでん、やかましい音声。人々はそこだけで騒いで富士山へ行ってきたと言う。途中で降りて美しい森の中へ入っていく人はほとんどいない。五合目だけが徹底的に破壊されることにより富士山の森林は守られている。

それにしても、地球はヒトという不思議な生物を生んでしまったものだ。その行く末が思いやられる。ヒトの学名 *Homo sapiens* というラテン語は、訳せば「賢い人」。その賢さが文明を育ててきたわけだが、いまや人類は本当の賢さを発揮すべきときであろう。このように偉そうなことを言っても、書いている本人は一体どうしたらよいのか、皆目分かっていないところが、問題である。

感性の自然

愛きょうのある顔つきのホオグロヤモリ

ブナの森

常緑広葉樹やスギの人工林の暗い林を登り抜けて、爽やかなブナの森に入ると実に気持ちがよい。どうしても森の奥へ入り込みたい衝動にかられ、林床の笹をこいで分け入っていく。とくに太いブナの大樹にたどり着くや、幹に頬ずりをする。ひんやりと冷たい樹肌には、どういうわけか地衣《ちい》（菌類と藻類の共生体）が着生し、一面に叢雲《むらくも》のような模様を描いている。

足元の落ち葉は甘酸っぱい香りを立ちのぼらせ、さまざまな虫たちの心地よい住みかとなる。キツツキ、カモシカ、ツキノワグマ、イノシシ、ヤマネなども、ブナ林を最も好む動物たちである。私も林床にゴロリと横になって、地面の位置から森を横に透かして見る。すぐ目の前にコケの蒲団があって、木の実がころがっている。小さなキノコが落ち葉を持ち上げている。きっと、ノネズミやヘビたちは、こんな角度から森を眺めて

ブナの森の林床は倒木とコケのしとねにおおわれる

いるんだな、と思う。

足音が近づいてきた。三、四人の登山者がすぐそばの道を登って行く。私が落ち葉をガサゴソやっているのを聞いて、足音が止まった。「シーッ！　なにか、その辺にけものがいるみたいだよ」。やがて足音は遠ざかっていく。私はけだものと間違われたのがひどくうれしくなって、笑いが止まらなくなる。

ブナの森はなぜこんなにすばらしいのだろう。そこには妖精たちがすみつき、高くそびえる梢があり、老樹のウロもあるからだろうか。日本人の心の奥底に未だに息づいている縄文文化を育んできたのは、東北地方のブナ林であったという梅原猛の説にうなずきたい。

妖精のすむ森

ここは、鬱蒼《うっそう》と茂るブナ林の奥。私の耳に聞こえるのは深々と堆積した落ち葉を踏みしめる音だけ。立ち止まると、まったくの静寂。じっと耳を澄ますと、時折、木の実が落ち葉の上に落下して「ポソッ」と微《かす》かな音を立てる。

すぐ目の前の白緑色の地衣をまとったブナの老樹の太い幹に視線を移すと、その根際から、じっとこちらを見詰めているものがいる。「やっぱり、居たな」と私はつぶやく。背丈は三〇センチくらい、子供だか老人だか見分けがつかない姿をした妖精が一匹（一人？）いた。大きな目を見開いたまま、好奇心と警戒心の混じった眼差しでこちらを見詰め、まばたきもしない。私も、できるだけやさしい表情をつくって、じっと見詰めかえし、話しかける。しかし、二メートルも近づくと、パッと消えてしまう。

こんなふうに、私が一人で森の中を歩くときには、たいていブツブツと独り言を言っている。妖精たちと会話をしているのだ。誰かが見ていたら、気がおかしくなったと思われるかもしれない。

しばらく道のないところをさらに分け入っていくと、大木が倒れて樹冠にポッカリと隙間ができた場所に出た。立ち止まって耳を澄ますと、静寂の中に微かに「ガヤガヤガヤ……」と話し声がする。たくさんの妖精たちが集まって、なにか相談ごとをしているらしい。そこだけ陽の当たった倒木の上をよく見ると、小さな妖精たちと覚しきものが、キラキラ、クルクルと輪を描いて回っている。今度は話しかけずに、そっと眺めていることにする。

どういうわけか、こういう妖精たちがすんでいるのは、北の森である。東北地方から北海道にかけての、広大な落葉広葉樹林に限られる。私は琉球列島が大好きだが、この島々の暗い照葉樹林では妖精の姿は見当たらない。もともと妖精の本来の住みかはヨーロッパやシベリアの落葉樹林であって、そこから日本の北部の森にも移りすんできたのかもしれない。北海道のコロポックルも、そのうちの一種なのだろう。もちろん、人工林や二次林には妖精はすみ着かない。原生林に近い自然林に限られる。妖精のすむ森が年々減っていくのが悲しい。

森の妖精たち？

大学院の学生のころ、博士論文のデータを集めるために、奥日光の山小屋で二か月過ごしたことがあった。毎日毎日森へ出かけ、さまざまな植生下で研究対象のササラダニ類を採集するための土壌や落ち葉を集める作業を続けていた。

土を掘る手を休めて、ちょっと辺りを見回すと、しばしば妖精がじっと佇んでいた。その姿をしっかりと記憶にとどめ、夕方小屋に帰ってから彫刻刀を握った。途中で拾ってきた枯れ木を削り、妖精たちの木彫りを作った。落ち葉の精、朽ち木老人、夜鳥神《やちょうしん》、沼のほとりの精など、何体も出来上がった。しかし、家に飾っておくと、訪ねてきた友人たちが欲しがって、一つずつ持ち去ってしまった。いまとなっては、どの妖精がどの家にいったか、所在不明である。

老樹のウロ

樹木は長命である。人間の寿命はどんなに長生きしても百何十才、動物界で長生きすることで知られるカラス、オウム、コイなどでも、せいぜい九十～百才くらいで死ぬ。それに比べ、樹木は何百年～何千年も生き長らえるのだから、すごい。

老樹の幹を見ると、たいていウロがある。漢字では「空」または「虚」と書くが、幹の中にできた空洞だから「樹洞」と書いてウロと読んだほうがいいだろう。ウロのある老樹は人工林や二次林にはなく、鬱蒼《うっそう》と茂る自然林の中か、さもなくば神社の裏手にしかない。私はこのウロが好きだが、なんとなく怖い。そっと顔を半分突っ込んで覗いてみるが、何も見えない。でも、なにかがワッと飛び出してきそうだ。恐る恐る片手を差し入れてみるが、なにかに喰いつかれはしないかと、すぐに引っ込めてしまう。得体の知れないものがすみついているかも知れない。

老樹のウロ

実際、老樹のウロはさまざまな森の生きものたちの住みかになっている。モモンガ、ムササビ、ヤマネ、フクロウ、ミミズクなど、ウロのある大木がないとすめない動物も多い。ウロの底には風で舞い込んだ落ち葉が堆積し、それが腐りかけて腐葉土のようなものができており、この「樹上の土」の中にはさまざまな虫たちがすむ。雨水が溜まれば、ミドリムシやゾウリムシが泳ぎ回り、ボウフラがダンスをしている。生物学的にもまことに興味深く、「ウロ生物学」なんていうのがあったっていいような気がする。

沖縄ヤンバルの森で近年発見されたヤンバルテナガコガネも、ウロの中にしかすまない。森の神秘を宿すウロ、そんなウロのある森を守りたい。

梢を見上げて

私は梢《こずえ》という語がなんとなく好きだ。もし、女の子が生まれていたら、きっと梢という名にしていただろうに、と思う。梢とは「木末」から来た語らしく、木の幹や枝の先の部分を指す。しかし、相当な高さの大木でないと、梢はないように思う。少なくとも幹の直径が四、五〇センチ、樹高が一五メートル以上の樹齢を重ねた風格のある大木でないといけない。見上げることはできても、とても手の届かない高いところにあるのが梢である。

微風にサワサワと音を立てるクヌギの梢。揺れながら、林床の木《こ》もれ陽《び》の模様をあちこちに動かすコナラの梢。朝陽にチカチカと宝石のような金緑色の翅《はね》を煌《かがや》かしたミドリシジミの乱舞するミズナラの梢。虫喰いの真っ赤な葉を一、二枚だけ残した晩秋の農家の庭先の柿の木の梢。凍りつくような冬の夜空の星を、すっかり葉を落とした細かい枝

高い樹木の梢を見上げると……

に絡めるようにして身にまとった欅《けやき》の梢。木の種類により、季節により、梢はその表情をさまざまに変える。

梢というのは高いところにあるから、ふつうは触れることができない。だから、渓谷に架った橋を渡るとき、谷底から伸びてきた大木の梢が橋の手摺りのすぐ外にあって、手を伸ばせば触れることができたりすると、私はひどく嬉しくなってしまう。

街中でも、三階の窓を開けると大木の梢がすぐ目の前にあったりすると、やはり顔がほころんでしまう。

気が滅入ったとき、大樹の梢を見上げて、しばらく見つめているのがよい。いつの間にか気が安らぎ、ほのぼのとした希望が湧いてくるから不思議である。

美しい和語から

野山へ出かけ、時に、ある場所に佇《たたず》んで、そこから動きたくなくなることがある。そんな経験はないだろうか。なにがいいのか、よくわからないけれど、そこにじっと立っていると、心安らぎ、幸せな気分になる。そのとき、たいていは一つの美しい和語が、私の頭をよぎる。

「木《こ》もれ陽《び》、陽《ひ》だまり、陽炎《かげろう》、花吹雪《ふぶき》、漁火《いさりび》、梢《こずえ》、ほとり、橋のたもと、麓《ふもと》、小径《こみち》、曙《あけぼの》、夕まずめ、たそがれ、狐火《きつねび》」など目に見えるもの。「せせらぎ、潮騒《しおさい》、山びこ、囀《さえず》り、蟬しぐれ、木枯《こが》らし」など耳に聞こえるもの。「木霊《こだま》、ひっそり、うららか」など心で感ずるもの。

これらは専門家の言う「景観」とはすこし違うような気がする。かなり距離を置いた眺めだけでなく、なにか身を包むものを、ほんわりと五感でとらえるときの心地よさ、うれしさ、寂しさ。自然の中で、あるいは街なかでもいい、「動きたくなくなる場所」がどこにあって、なぜそこを離れたくないのかを、分析してみるのもおもしろい。そういう場所の環境は、ぜひそのままの状態で保存したい。

私が提案したいのは、町づくりの際に、これらの美しい和語の一つをテーマにした環境設計ができないだろうか、ということである。修景のための空間にしても、保全緑地にしても、常識的な頭や手法に頼りたくない。ただ緑や花があって眺めが良ければいいというのではなく、美しい和語のイメージから生まれる心情がわきあがってくるような設計をしたいのである。

たとえば、「木もれ陽公園」などという標識の立った公園をいくつか見たことがある。しかし、これはそれほど真剣に木もれ陽のことを考えて造られているとは思えない。まず、木もれ陽の美しい場所を徹底的に調査する必要がある。そこはどのような地形・方位で、なんの樹種がどのような間隔で生えているか。それを再現すればいい。

「漁火の見える丘」「せせらぎのある裏道」「樹木の梢にさわれる橋」「沼のほとりを想わせる水辺」など、工夫すればできそうである。それには、自然に対する深い造詣、優しく鋭い感性、優秀な設計施工技術、それになによりも、そのようなことを思い切って実行させてくれる行政機関や会社のトップの理解と姿勢が必要だろう。

機能的には美しいが索漠とした都市の中に、本当に心の安らぎがえられる小空間があったら、どんなにいいだろう。そのような環境の設計は、やはり日本人の心の奥底に潜んでいる心情、それを表わす美しい和語から出発したら、どうだろう。

静かな沼のほとり

珍虫

私が上野の国立科学博物館に勤めていたころの話である。七月に入ると、研究室の電話器は鳴りっぱなしである。「ハイハイ、どちらさんでしょうか」「いえ、都民の一人でございますが……」。〃都民の一人〃には恐れ入ったが、まあそれはそれでよい。用件というのが決まって変なトンボの問い合わせなのである。「ウチの子がひげの先に玉のある珍しいトンボを取りましたンざんすの。きっとトンボのミュータントだよ、と申しますんでございますが、ミュータントって何のことでございましょう?」と言う。

これはツノトンボという虫で、頭に長い触覚があって、その先がふくらんでいる。ツノトンボという名であるが、トンボの類ではなく、クサカゲロウなどに近い仲間である。それほどやたらにいる虫ではないが、どこにでもいる、決して珍しいものではない。ついでながら、ミュータント（mutant）とは「突然変異」のことで、この教育ママさんは迂闊《うかつ》にも御存知なかったのである。

いかめしい大学と違って、上野の科学博物館は〝都民の方々〟にとって、やはり気軽にものを尋ねられるところらしい。研究部の連中は、もちろん研究が第一の仕事であるけれど、大学の先生が研究のほかにも講義をしたり、学生の御機嫌をとったりしなければならないのと同様、こちらも一般への科学的知識の普及とサービスというお役目がある。それだから、電話がジャンジャン鳴ってもいやな顔をしてはならないのだが、とにかく忙しい。また電話が鳴っている。

「ウチのお風呂場の天井に蜂が巣をつくりましたの。どうしたらよございましょう？」

「そうですなあ。竿の先にロウソクをつけて焼いてしまったら、どうです？」

「そんなこと、可愛想でございますわ」

一体全体、何の目的で電話をしてこられたのか見当がつかない。この忙しい世の中にも暇人がいるものである。それでも私は真面目な人間だから、いちいち丁寧にお答え申し上げているつもりである。

また鳴っている。今度は大分息づかいが荒い。「あのですね、珍しい虫を捕えたです。はあ、緑色にピカピカ光ってるです。なんちゅう虫でしょう」。こういうのが、実は一番困る。何度も色や形を聞いてみるが、さっぱり要領を得ない。二センチくらいの大きさで、丸っこくて、緑色に光っているコガネムシなんて十数種もいるのである。

まあ、とにかく持ってきてみてください、と言って、あとから牛乳びんにチリ紙の栓をして持ってきたのを見ると、桜の葉を喰い荒すありふれた害虫だったりする。

こういう人たちは、なにも虫を集めているわけではないし、また子供の宿題で困っているパパでもない。ただ、珍しい（と御本人は決めこんでいる）虫を見つけた興奮から、止むに止まれず電話をしてくるのである。もしかしたら大手柄になるかもしれない、と思っているのである。そのお気持ちは、われわれにとっても涙がでるほど有り難い。しかし、この「珍しい」というのが問題で、われわれ研究者が「珍しい」というのとはちょっと意味が違うのである。数が極めて少なくて滅多に採集できないとか、ある土地には生息しているが、分布が局限されていて他所ではまったく姿がみられないとかいうものを指すのである。

ところが、一般の人々が「珍しい」というのは姿形が常識からはずれて変わっているとか、すばらしい色彩をしているとかいうのが多い。その証拠には、こちらがどういう虫であるか教えてあげる前に、もう「とにかく珍しいんですから」と決めこんでいるのだから。「珍しい」という言葉には「愛すべし。いつくしむべし」という意もあるから、姿形の美しい虫も、そういう意味では珍虫かもしれない。

実はこういう派手な虫は目につきやすいから、早くからよく研究されていて、学問的には取るに足らないものが多い。むしろ、小さくて地味な茶色っぽい色をしていて、虫だかゴミだかわからないようなのに案外大珍品が多いものである。そういう一見つまらなそうな虫ばかりたくさん集めて博物館へ持ってくるヘソ曲りな人がいたら、その中にはきっと私どもが目を剝《む》くような珍品が一匹や二匹は混っているはずなのである。

もちろん、美麗な虫にも珍虫はあるから、珍虫に共通した色や形の特徴というものはないけれど、駄物が概して行動がガサガサしていて品がないのに対して、珍虫といわれる虫は心なしか何ともいえぬ風格があって、動きも鈍重である。苔むした倒木の上に、朝露に濡れてじっとしていたり、暗い谷間を羽音も立てずに横切ったりする。やがては滅びゆくものの静かな悲しい風情である。

珍種のマダラクワガタ（体長5mm余）

こういう虫は人間に捕えられてもあまりジタバタしない。諦めきった様子で逃げようともしない。やがて毒瓶の中でかすかに震えて動かなくなったのを見届けるとき、その虫を捕えたときの、あの心のときめきがすっと消え失せて、あまりに美しい花を摘み取ってしまったときのように心が痛んでくるのである。わたしは急にそれに耐えられなくなって、森の向こう側に見え隠れしている仲間を大声で呼び寄せて、いま捕えたばかりのその珍虫を鼻先にぶらさげて大自慢をして得意になるのである。

それにしても、大勢の蒐集家が血眼になって探し回っても、一年に一、二匹しか取れないような珍虫は、一体どうやって結婚の相手にめぐり会って子孫を残してゆくのだろうか。もしかしたら、そうではなくて、はらはらと舞い落ちた木の葉の中の一枚が、山の冷気と霧の作用で何かの拍子に虫に姿を変えたものなのだろうか。ふと、そんなことを考えるときがある。

私はダニの研究に没頭して久しい。珍虫を求めて野山を駈けめぐった思い出は、もう遠い。ダニはあまりにも小さくて、捕えたときの感激も罪の意識も薄い。それに職業意識が強くなりすぎている。あの、身も心もわななくような珍虫のいる森には、もう帰れそうもない。

セミ取り

日本はセミの国である。どうしてだかわからないが、この細長くせまい国に三〇種類ものセミがすみついている。ミンミンゼミ、アブラゼミ、ヒグラシ、ツクツクボウシ、ニイニイゼミなど、どこにでもいるふつうのセミ、涼しい山が好きなエゾゼミやコエゾゼミ、寒がりやで暖かい地方にしかいないクマゼミやキュウシュウエゾゼミ、南のほうの島々に分布するヤエヤマクマゼミやミヤコニイニイなどの珍種。

チョウやトンボがめっきり減った町の中でも、セミだけはあまり減らない。これは、セミの幼虫が地中深いところで生活するので、殺虫剤の被害をうけないですむためかもしれない。日本の子供たちは夏休みになるとみんなトリモチと長い竿をもって勇んでセミ取りにでかける。クワガタムシやカブトムシにも負けず、セミは人気者である。

セミ取りのおもしろさは、高い梢に止まって鳴いているやつをトリモチ竿の先を近づけ、いざ飛び立って逃げようという瞬間、「えい、やっ！」と竿の先で押えつけ、ジージー、バタバタあばれるのを籠《かご》に入れるまでの間にある。「ざまあみろ！」と籠の中の獲物をのぞきこむ顔はニコニコである。それまでの過程がおもしろいのであって、セミなんてものは捕えてしまうと、あとはあまりおもしろくもない。とくに美しい色をしているわけでもなく、とらわれの身では樹の上と同じようには鳴いてくれないし、命は短いからすぐに死んでしまう。私のようにセミを空揚げにして食べてしまう人は少ないから、たいていはなぶりものにされて、あわれな最期をとげる運命になる。

セミの鳴き声にはいろいろなメロディーがあって、とても音楽的だなあ、と思っていたら、それは日本人だけのことで、外国人はそうは思っていないらしい。先日、ヨーロッパからきた学者が日本に着いてセミの声を聞き、「あれはなんという鳥の声ですか」と質問したのには驚いた。ヨーロッパにはセミが少なく、しかも、みんな「ジー」とか「チー」とか、実につまらない声しか出さない。だから、日本で元気のよい「オーシーツクツク」や物悲しい「カナカナ……」や、なだらかな音階を上下しながら鼻をつまんだような「ミーン、ミーン」を聞くと、あれが本当にセミの声か、とたまげてしまうのも無理はない。

セミにかぎらず、動物の鳴き声を文字で表わすのはたいへんむずかしい。人によっていろいろに聞こえるからである。ニワトリはどこでもほぼ同じ鳴き声をしているくせに、日本では「コケコッコー」、英国では「クック、ドゥードゥルドゥー」、ドイツへゆくと「キッキリッキッキー」となる。

クマゼミの鳴き声も「シャーシャーシャー」とか、「ワシワシワシ」とか書かれる。エゾハルゼミの鳴き声は「ミョウキン、ミョウキン、シネ、シネ、シネー」と聞こえる。その昔、明欽《みょうきん》という坊さんが山を越える途中、樹の上からいきなり「明欽、明欽、死ね！」という声がかかり、そのために悟りを開いたという、うそかほんとかわからない伝説もある。私も珍しい虫を取り逃がして悔しがっているときに、「つくづく惜しい、つくづく惜しい」とからかわれて頭にきたことがある。

なんといっても、一番好きなのはヒグラシの悲哀に満ちた鳴き声である。暑い夏の一日がようやく暮れ、山の樹々も人々もぐったりと疲れ、それをなぐさめるかのように涼しい風が吹きはじめるころ、控えめに鳴きはじめ、やがて「つれ鳴き」を交えて一しきり高々と合唱して、また消え入るように静まるヒグラシの声は天下一品である。哀しい美しさを理解できる日本人、竹の葉で菓子をつつみ、木の芽を食卓にそえてその香りを愛する日本人、そんな情緒こまやかな日本人の住んでいる国に、このヒグラシというセミはぴったりの感じがする。

私がかつて勤めていた上野の国立科学博物館には日本のセミの標本がほとんど全部集まっているが、ただ一つだけ標本がない種類があった。それはチョウセンケナガニイニイという長たらしい名まえのセミで、中国や朝鮮半島にはいるが、日本では対馬にだけしかいない。しかも出現する時期がふつうのセミと違って、十月の半ばごろという変わり者なのである。対馬というのは長崎県に属してはいるが九州からはかなり離れ、むしろ朝鮮半島のほうに近い位置にある。

そんなわけで動物の分布の上からもたいへん興味深いところであり、一九六八年と一九六九年の二年間、科学博物館で調査隊を出すことになったのである。私の分担は対馬のダニ類を調べることであったが、他の隊員が春から夏にかけて出かけたのに、私だけは十月中旬に出発したために、ちょうどチョウセンケナガニイニイの発生時期にぶつかり、どんなことがあってもこのセミを採集してくるように、という命令をうけてしまったのである。

さんざんおどかされた玄界灘の荒波も大したことなく、ぐっすり寝て対馬の北端に近い比田勝港《ひたかつ》に船が入ったのが朝の五時、あたりはまだまっ暗、空には星が凍りついたように輝いている。ただ一つ、おでん屋の赤いちょうちんだけがボーッと暖かい光を放っていて、ひとまずそこへ飛び込んで夜明けを待つことにした。

採集に出かけるときはいつも心の中がわくわくするものだが、今度のように遠方の見知らぬ島へやってきて、しかも、これから二週間もこの地で採集を続けられる、その第一日がこれから始まろうとしているのだと思うと、もういても立ってもいられない気持ちになる。

だいぶ明るくなってきたので、宿を探しに重いリュックを背負って腰を上げる。当時、この島には飛行機も通わないのでまったく観光地化されてなく、土産物屋など一軒もみあたらない。旅館もふつうの家とあまりかわらず、みつけだすのに一苦労。大荷物を部屋に置いて手洗いにゆくと、便所の窓に円網を張っている大きなクモを発見、ダンダラオニグモというかなり珍しいクモで、幸先よいスタートを切る。

採集支度をしていよいよ第一歩をふみ出す。しばらくはセミのことは忘れ、なんでもかんでも取りまくってやれと、われながらすごい鼻息である。二番目の収穫は、体がオレンジ色で角の黒い美しいナメクジ、これはあとで新種であることがわかった。昆虫採集からダニの研究に転向して一〇年たっていて、捕虫網などしばらく持ったことがなかったので、ちょっと照れくさい。腕も鈍っていはしないかと心配だ。ためしに向こうからやってきたトンボをすくってみると、ガサッという音とともに一発で網に納まる。しめしめ、昔の腕はまだおとろえておらんわい、と独り言を言いながら丘の上へと道をたどってゆく。

途中でたき木を背負ったおばあさんにもらったふかし芋をほおばりながら、樹や草の間をめくらめっぽうにすくう。いろんな小虫や見たこともない美しいハエトリグモがたくさん取れる。しかし、肝腎なセミの声は一つも聞こえない。子供たちに聞いてみたが、「おじさん、いまごろセミなんかいるかよ」と問題にしない。どうやら、この島の人たちも秋にでるかわったセミのことなど知らないらしい。

やっとのことで聞きなれないセミの声を聞いたのは島へ上がってから五日目の十月十九日、峰村の西のはずれであった。「シャー」とも「シュー」とも、「シュルルル……」とも聞こえ、とても文字では表わせないような金属的な連続音で、それが大きくなったり小さくなったりする。まさしくセミの声に違いないので、これだこれだと、荷物を全部地面に投げ出して長い継ぎ竿の準備にかかる。しかし、声はすれども姿は見えず、どこから聞こえてくるのかさっぱりわからない。そのうちにあっちでも、こっちでも鳴き出したがまったく手の出しようがない。ただイライラして樹のまわりをめぐっているうちに陽が沈んでしまった。しかたなくその日はあきらめて宿へ帰り、翌日はまる一日セミ取りに専念することに決めた。

きのうの林へやってくると、きょうも二、三匹が鳴いている。まず厚紙でメガホンのようなものをこしらえ、耳にあて、ぐるぐると体を回してみる。そして最も音が大きく聞こえる方角をセミのいる方向と定める。こうして、どうやらセミのいる樹はたしかめられた。しかし、どの枝にいるのかはまったく見当がつかない。もしかしたら、声だけのまぼろしのセミではないかと疑いたくなってくる。もう数時間も上ばかり見ているので、首と頭のぐあいがおかしくなってきて、吐き気さえもよおしてくる。とうとう手拭いで頭をしばり、そのはじっこを手でにぎって頭をうしろへぶらさげるような、へんなかっこうでがんばり通しているうちに、パタパタと羽音がして小さなセミが枝から枝へ飛び移った。そうだ、セミは時々飛ぶに違いない。それまで根気よく待ってセミの止まった位置をたしかめようと、長期戦の構えをとることにした。

道路の端に新聞紙をしいて仰向けに寝っころがって、枝をまんべんなくにらみつける

チョウセンケナガニイニイ

ことにした。ところが、通りがかりの車がいちいち停車しては、「気分でも悪いのか」「腹が痛むか」と親切に聞いてくれるのにはまいった。

そうこうしているうちにパタパタという例の羽音、今度こそはと目を皿のようにカッと見開いて止まった場所をつきとめる。このセミはまったく嫌なセミで、幹や太い枝には決して止まらない。枝先の小枝や葉がこみいったところの上面に止まるくせがあるらしい。これではいくら下からながめすかしても、見つかるわけがない。

何本もつないだ長い竿をぬき足さし足でにぎりしめると、枝と枝の間を慎重にくぐらせてセミに近づける。セミ君は鳴くのをぴったりとやめて小便の構え、飛び立った。それっ、すくえ！　しかし網は空しく宙をすくう。竿があまりに長いので、手元を動かしてから竿先が動くまでに時間のずれができて、その間にセミは逃げてしまう。たかがセミ一匹のために、こんなに苦労させられてよいものか！　ばかばかしさとくやしさで、ガンガン地面を踏み鳴らす。

そんなことをいく度もくり返して、半分ふて寝していると、どうしたわけか一匹のセミがハタハタと舞い降りてきて、たった一メートルほどの枯木に止まった。ばね仕掛けの人形のようにとび起きた私は、網の首ねっこだけをひきちぎるようにつかむと、下から上へ電光石火ですくい上げた。今度こそ手ごたえあり。やったぜオッサン！

網の中のチョウセンケナガニイニイはなるほど変わったセミである。体がばかに幅広く、毛がたくさん生えていて、開いた翅《はね》は黄色い部分が多い。このやろう、よくも大人をさんざん小ばかにしたな、と内心はひねり殺してやりたい気持ち。だが、ふと考えてみると、なぜ一匹だけ低いところへ舞い降りてきたのだろうか。もしかしたら、あまりに私が気の毒なので、わざとつかまってくれたのではなかろうか。そう思うと、急にセミがかわいらしくなって、拝むようにして大切にリュックにしまいこみ、夕焼け空を仰ぎながら宿へと帰路についた。

森の星々

【ミドリカミキリ】 夜の帳《とばり》が下り、あたりはすっかり暗くなったのに、気温は下がらない。むっとするほど湿度は高く、風も月もない。そんな晩は昆虫たちの夜の舞踏会にふさわしい。森の中から電灯光に誘い出された甲虫たちが暗闇の中から一直線に飛んできて、白壁にピタリと止まる。金緑色に輝く鞘翅《さやばね》をもったミドリカミキリ、櫛歯状《くしのはじょう》の触角をもったヒゲコメツキ、深紅色の翅《はね》をもったベニボタル。

虫たちはなぜ灯火に集まってくるのだろうか？ 昔の自然界には電灯の光などあったわけではない。夜に明るくなるとすれば、自然発火か落雷による山火事だけだろう。そんな火の中に飛びこめば、焼け死んでしまう。光を慕ってやってきた虫たちを見ていると、そこで雌雄が出合ってつがいになるわけでもない。かれらはただ恍惚として光を浴びているようにしかみえない。

月夜の晩は虫はやってこない。月に向かって飛んでいってしまうのだろう。恐しく遠い月をめざして一体どこまで？　昆虫学者にもわからない不思議な謎。

そんなことを思いながら、ベランダで飲んでいた酒も、底をついた。黒々とした森の樹冠の上に星がきらめく。もしかしたら夜空の星が地上に降って、昆虫になり、また夜空にもどって星になるのかもしれない。

ミドリカミキリ

【ジンガサハムシ】　それは木の葉の上に載っている小さな金属性のブローチとしか思えなかった。それがゆっくりと動き出したときすら、まさか六本の足をもった虫であるとはとても考えられなかった。この直径一センチに満たないジンガサハムシという甲《こう》虫《ちゅう》の一種は全体が平たい円盤形で、縁のほうは透明な薄いガラス細工でできており、中央のやや盛り上がった部分は金と銅の彫金がほどこしてあるとしか思えず、陽の光を受けてキラキラと輝く。

そっと手の平にとると、触覚をひっこめ、短い足を縮めて腹面にぴったりとつけて動かなくなるので、なおさら虫らしくなくなる。きっと暇をもてあました造化の神が手慰みにこしらえてみたものにちがいない。

指先で楽しんでいるうちに、その虫は私の手から草むらに落ちた。まるで宝石を落とした人のように私は懸命に探したが、その姿は消え失せていた。

ジンガサハムシ（高桑正敏氏撮影）

森のお化け

日本では、山岳地帯に道路ができたとしても、人間がどっと押し寄せてくることによって自然が荒されることはそれほどなかろう、と冗談まじりに言う人がある。もちろん、道路建設に伴なう破壊は別にしての話である。その理由は、日本人は山頂を極めたり、目的地に直行することは好きだけれど、途中で車を止めて森の中へわけ入ったりすることは、あまりしないからだという。おもしろい意見である。

たしかに、われわれ日本人の登山のやりかたは、なにがなんでも目的の山頂を征服しなければ気がすまないといったふうで、途中で引き返すことほど不名誉なことはないのである。途中にどんなに美しい森があっても、そこでゆっくりと時間をつぶすようなことはしない。みな同じ一点に向かってぞろぞろと集結し、ごく限られた場所である山頂や峠だけをめちゃくちゃに破壊し、よごして帰ってゆく。こういう連中が点々ばらばらにあちこちの森の中に踏み込んできたら、たまったものではないが、幸いにして彼らは集団をなして小面積を荒し回り、新たにやってくる連中も他人がすでに荒した場所しか見ようとしないから、まことに都合がよい。

そういう場所には、飲食店や土産物屋をどしどし作って人を集めたらよい。にぎやかな施設がないと〝観光〟した気にならない人たちは、そこだけでお引き取り願えばよし、彼らもまたそれで満足して帰るだろうから。小面積を犠牲にしても、それで山全体が救われれば、それにこしたことはない。まるで害虫扱いをして恐縮だが、もうどうしようもない大人たちには、そうしてもらうより仕方ない。しかし、これから育ってゆく日本の世代には、もっと本当の自然の姿を教えたい。森の神秘に触れさせたい。日本の童話と西洋の童話をくらべてみれば、すぐ気がつくことであるが、森に対して抱いている感覚がまるで違うのである。

ある座談会の席で、私は「森の中には現代の科学では説明のできないようなおばけがいっぱい住んでいる。だから森はおそろしい。おそろしいが故に、やたらに手をつけてはいけないという考えかたもあっていいんじゃないでしょうか」と申し上げたら、同席のしごくまじめな先生が、「そういう発想が通用するのはせいぜい江戸時代か明治まで

未知を秘めた沖縄ヤンバルの森

で、現代ではもう古いですよ」というようなことをいわれたので、困ってしまった。私のいった「おばけ」を、本当のお化けと解釈してしまったらしいのである。私が「おばけ」という言葉で表現したのは、大自然の中にある巧みな仕組みや法則など、現代の科学が解き明かしていないさまざまな現象のことを指したつもりなのに。

当今はやりの超自然現象ばかりではない。科学者の眼からみれば、森の中の世界は不思議に満ちあふれているのである。

感違いに勘違い

富士山麓に忍野八海《おしのはっかい》というところがある。なんとはなしにこの地名の響きが気に入ったので、山中湖からの帰り、家族連れで立ち寄ってみた。樹海の中に眠るような沼の集りを想像していた私の期待はみごとに破られた。荒れはてた草地の中に多くの池沼があるにはあったが、その中には虹鱒や錦鯉が過密状態で飼ってあり、毒々しい朱塗りの橋がかかっている。売店が建ち並び、周囲には車がひしめき、ごみが散乱する。

「昔はもっときれいだったんでしょうね」と、アイスクリーム屋のオヤジさんに家内が聞いた。なんてばかなことを聞くもんだ、という私の心配ははずれた。「いやぁ、昔はこんなきれいな橋もなかったし、みごとな錦鯉なんか見れなかったよ」と、そのオヤジさん。「きれい」という言葉の解釈の違いによって、その会話はまったくトンチンカンになってしまったのである。

南アルプスの山麓に御座石《ございし》鉱泉という、三〇年も前から時々訪ねている私の気に入りの鉱泉宿がある。以前は中央線の韮崎《にらさき》駅からとぼとぼと歩いて半日がかりでたどり着いたものである。宿で出されるものといえば、山で採れたフキやキノコばかり。滞在五日目になって、フキばかりでは飽きるだろうと、主人が村まで買出しにゆき、やっと卵にありついたこともある。

しかし、うす暗いランプの灯の下で、ばあさんがつくったという山ぶどうの酒を一升瓶から注いでもらうのが嬉しかった。風呂場の浴槽の木はぬるぬると黒光りがして、どろりと濁った湯からは、熟れた水蜜桃《すいみっとう》のような香りが立ちのぼっていた。

最近になって久しぶりに訪ねてみると、玄関口を入るなり、ばあさんは私の手を引かんばかりにして、「さあ先生、風呂場見てくれ」という。それはタイル張りのピカピカの浴室であった。得意気なばあさんの顔に、「ほう、きれいになったね」と言いつつ、私はがっかりしていた。

こういうのを旅行者のエゴというのかもしれない。しかし、村の人が自分たちのために立派な橋をかけたり、家を改造するのを見て、昔の俤《おもかげ》がなくなったなどと嘆くのは、けしからん話だといわれてもしかたないだろう。だが、旅行者の訪ねる場所や旅人のためにつくられた宿を、こうしたほうが喜んでもらえるだろうと受け入れ側の判断で勝手に変えてしまい、それが旅する者の心を傷つけるとしたら、話は別である。

お金をかけて逆効果だとしたら、こんなばからしい話はない。都会を脱出してくる人々の気持ちを山村の人にはわかってもらえないのだろうか。いやいや、そんなことはわかっていても、金儲けのためにやっているのかもしれない。見当違いの善意ばかりとはかぎらない。

しかし、ここで私はもっと別のことに思い当たってどきりとした。もしかしたら、私と違って、きれいな橋や錦鯉に感嘆し、タイル張りの風呂を喜んでいる人もいるのではないか、ということである。いや、そういう人のほうが多くなってきたらしいのである。感じかたの違い、つまり感違いである。

そうなると、いままで私の述べてきたことは全面的に私の感違いならぬ勘違いとなり、頭を下げるよりほかにない。美しい日本の自然の将来をおもって、私はうなだれている。

カリマンタンの原生林

「ジーコン、ジーコン、ジーコン」。高い梢の上から、例の鳴き声が聞こえてきた。腕時計を見て、それから思わず顔を見合わせて、みな笑った。私たちが「電話蟬」とあだ名をつけたこのセミは、いつも決まって、きっかり夕方六時になると鳴き始めるのだ。

ここはボルネオ島のインドネシア側のカリマンタン。その東南海岸にある町バリクパパンから船でリコ川を遡上すること二時間、さらにジープで二時間とばしてたどりついたポマンタス山の麓である。周囲は見渡すかぎりの原生林、日本ではめったやたらに使えないこの「原生林」という言葉も、ここでは堂々と使える。その黒々とした森林の中にBalikpapan Forest Industry（バリクパパン・フォレスト・インダストリー）という木材会社の伐採最奥基地がある。

横浜国立大学のM教授を隊長とする調査隊一行八名がここへ到着したのは、一九八〇年十二月十六日であった。熱帯多雨林の原生林から焼畑にいたるまでの植生調査が主目的であったが、ついでに土壌中の動物調査も並行してやろうということで、私と助手のH君も同行させてもらうことになったのである。

はじめて見る熱帯の原生林の印象は、やはり強烈であった。樹高四〇〜五〇メートルにもなるフタバガキ科の*Dipterocarpus*（ディプテロカルプス）属や*Shorea*（ショレア）属の巨木、大きな壁のような板根《ばんこん》。私など素人にはわからないが、とにかくその種類が多いらしい。熱帯多雨林では「同種の樹木を百本探すよりも、百種の樹木を数えるほうが早い」といった人がいたくらいである。

植物分類学に強いO助教授も、ここへ来るとさすがにお手上げの状態で、とにかく学名は不明でも識別しておく必要があるので、片っ端からあだ名をつけはじめた。コショウボク、バカギリ、アブラグス、ホソバヤマグルマ、チャボノキ、マタビラキ……等々。これらの名を植物班の隊員同士で通用するように覚えこんでゆく。なかなかいい方法だわい、とそばで感心して見ていたものである。

「熱帯のジャングル」という言葉をよく聞かされていたものだから、ボルネオの原生林も樹木やつる植物をかきわけるようにしなければ歩けないものとばかり思っていたが、それは大間違いであることがわかった。実際は低木や草本がほとんどないため、道のないところでも自由に楽に歩き回れる、まことに気持ちのよい森であった。そして、本当のジャングルというのは、人間の手の入った、半ば傷めつけられた森林に当てはまることを、その後のバリクパパンの町の周辺の森の調査で知ったのである。

　動物の世界も、温帯域からやってきた人間にとっては、きわめて異質なものであった。地面を見ると、ダンゴムシの化け物のようなものが這っている。赤茶色の体に黒い横縞、堂々とゆっくり進む様は、重戦車のようである。つかまえると、手の中でコロリと球になった。その大きさはゴルフボールくらいある。ネッタイタマヤスデの一種と知ったが、日本産のものはせいぜい球になった時の直径が三ミリくらいだから、これは腰を抜かす大きさである。私たちは、これを化け物第一号と呼んだ。

　化け物第二号は翌日現われた。倒木の上をのっそりと這っている得体の知れない虫を誰かが発見して絶叫した。体長は五センチ、黒くて三葉虫のような形で、腹の両側に棘《とげ》が並んでいる。あとで調べたら、カワリベニボタルの一種の雌であ

巨大なネッタイタマヤスデの一種（体長5㎝）

ることがわかった。こうして化け物三号、四号と出くわしていくことになるが、ふだんはシロアリとアリだけが目につく森である。

やがて、十二月二十四日となった。その日は山の中腹の原生林の中で野宿をすることになった。夕食は弁当の残りのイカとカツオのトウガラシ煮と冷や飯、それにとって置きの缶ビールでクリスマス・イヴを祝う。ランプの光が届く範囲の向こう側は、都会人のまったく経験したことのない真の暗黒の世界に包まれてくる。それから先、実に驚くべき素晴らしい熱帯の夜が始まったのである。さまざまな種類のサル、鳥、セミが一斉に鳴きだし、その見事な大合奏は夜明けまで続き、ほとんど眠らずに聞きほれたものである。そして、あたりが徐々に青い光に包まれはじめるころ、合奏はピタリと止んで、熱帯の森は再び昼間の静けさをとり戻すのであった。

人の生活と生きもの

代表的な都市生物、ドバト

人家の同居生物

地面につくられたウサギやモグラの巣穴、樹上の鳥の巣などを調べてみると、そこには家主である動物のほかに、いろいろな生物が同居しているものである。哺乳類や鳥の巣の中には吸血性のダニやシラミがいるし、巣の材料の枯草や枯枝を喰うもの、家主が引きずりこんだ食物のおこぼれを頂戴するもの、家主の排泄物を喰うものなど、性格はさまざまであるが、たくさんの生物がすみついている。

これらは巣穴という場所に一つの生態系を形成しており、私たちはこれを巣穴群集などと呼んでいる。アリの巣の中には、これまた各種の生物がおり、アリの卵や幼虫を盗みとって食べるものがいるかと思うと、食べかすを掃除してくれるもの、アリの死体を処理するものなどがいる。これらは共生生物と呼ばれているが、アリにとって有益なもの、迷惑なもののほかに、益も害もないただの同居人も含まれている。

人間の住居にしたところで、これをヒトという一種の動物の巣とみなせば、そこには先述した巣穴群集のようなものがあったとしても不思議ではない。

ちょっと考えただけでも、天井裏にはネズミがすみついているし、軒下にはツバメやムクドリが巣をつくり、そのネズミや鳥の巣にはイエダニやワクモなどのダニがいる。台所にはゴキブリがいて人間の食べかすをあさり、竈《かまど》の近くにはカマドウマという直翅《ちょくし》類の昆虫がいる。くみ取り式の便所にはハエの幼虫がすくすくと育ち、羽化したハエは室内をぶんぶん飛び回る。それを捕えて食べようと、ゲジゲジや大きなクモが壁や天井をつたって走り回る。台所の貯蔵食品や畳にはコナダニが発生し、それを捕食するツメダニがうろつく。といった具合で、人家の中にも一種の生物社会があり、喰うや喰われるの関係もできあがっている。

考えてみれば、人間がこの地球上に現われ、住居を構えるようになってからかなりの年代がたっているので、人家という環境に侵入適応し、そこを最上の住みかとする生物集団が発達してくるのは当然のことである。私はこれらの生物の多くを人間の「共生生物」とみなしている。共生生物というのは家主たる動物にまったく迷惑をかけないが、多少いやな思いをさせるかしても、家主に致命的な害を与えることはない。もし、家主を殺してしまったら、自分たちも共倒れになってしまうからである。

したがって、人家の同居生物の中には人にとってそれほど恐しいものはいないはずである。しかし、家の中に虫がいたりすると、人は大騒ぎをする。他の動物の場合なら大して気にもとめずに一緒の生活を許している場合でも、人間様だけはこれを勘弁できない。なんの害を加えない虫でも、むしろ有益な虫ですら、とくに人間の女性が住んでいる家では、たたき殺されてしまう。

これらの同居生物は永い年月かかって人家という環境に適応してきたものであるから、いまさら急にこの同居人たちに出て行けといったところで、そうやすやすとは出てゆくはずがない。もし、強制立ち退きを迫るならば、家の中の温度を四〇度C以上か〇度C以下に保つか、喉や鼻の粘膜がひからびてしまうほど湿度を下げるか、または猛烈な毒物質を撒き散らすよりほかない。そんなことをすれば、人間だって住めなくなるのは判りきっている。

この地球の表面のどんな小さな場所をとってみても、生物がまったくすめない場所というのはほとんどないし、また、ただ一種の生物だけがすみうるという環境もまずない。必ず何種類かの生物が仲よく、あるいは多少いがみ合って一つところに生活しているのが自然の姿である。ところが、人間だけは自分たちだけで独り占めできる空間をこの地球上に少しでも増やそうと懸命になっている。これは本当は無理な話なのである。

私の友人で、家や学校の室内のごみを電気掃除機で吸い取っては、その中にいるダニを調べている人がいる。そのデータはあまり公開したくないが、たいていの家で一〇種近く、あるいは二〇種ものダニがみつかる。その中には、いく種類か人に害を与えるダニも含まれているが、他の大部分は人間にとってはどうでもよい無益無害の同居人である。ウチに限ってダニなど一匹もいません、と断言できる人がいたら名乗り出てほしい。彼にたのめば、早速ダニをみつけて、「ほら、この通り」と顕微鏡でその姿を見せてくれるだろう。人家にはダニがいて当り前であり、少しも恥かしいことではないのである。それを、あの家にはダニがいるからと、親戚づき合いを断ったり、贈り物をつっ返したりする人がいるのはまったくおかしな話といわざるをえない。

ただし、神経質な人間にとっては、これらの共生生物があまりのさばってくるのは好ましくない。それを防ぐにはどうしたらよいだろうか。幸いなことに、これらの同居生物と人間とでは、要求する居住条件に多少の範囲のずれがあるから、これを利用することである。ネズミやアリの巣穴にくらべれば、人間の家の歴史はずっと浅く、共生生物もまだ完全な適応は遂げていないのである。つまり、人間には不快でなくても、同居生物にとっては不快で不便であるような条件を整えることである。

もう少し具体的にいうなら、人間にとって少し温度が高すぎるな、少し湿り気が多すぎるな、少し薄暗いな、少し不潔だな、と感じる点を改善すればよい。涼しく、乾燥し、明るく、清潔な家は人間にとってはたいへん心地よいが、同居生物の多くにとってはあまり快適ではない。しかし、この対策は「云うは易く、行うは難し」であるかもしれない。経済的あるいは時間的余裕のなさがこれを許さない。

古来の日本家屋はハエとイエダニの天国であったが、最近の「畳入りコンクリート団地」はゴキブリとコナダニのパラダイスに変わってきていることは確かである。そして、これらの不快な同居人たちを追い出すためには、ただやたらと殺虫剤をまけばよいという考えかたは慎むべきである。殺虫剤の使用が不可欠なのは、くみ取り式便所くらいなもので、その他の場所、台所、天井裏、家具の裏やすき間、畳など、同居生物の好んですむ場所の環境管理を重点的に行うことである。そうすれば、同居生物たちは大発生して家主に迷惑をかけることもなく、目立たず細々と人間とともに暮らしてゆくことだろう。

日本人の生活とダニ

一昔前、ダニといえば人々の頭に浮かぶのはマダニとイエダニであった。マダニとは、樵《きこり》や猟師のように山で仕事をする人間や登山者にはよく知られ、やぶ漕ぎなどをすると、よく腿《もも》や腹のあたりに食いつかれ、二週間近くも離れずに吸血しつづけて膨れ上がる嫌なダニである。イエダニのほうは、人家の天井裏から落ちてきて、人の太腿、わき腹などに食いつき、たいへん痒《かゆ》い思いをさせられる。このダニは本来ネズミの寄生虫であるから、ネズミを退治すればいなくなる。

しかし、最近、人々がダニといったときに思い浮かべ、もっとも関心を示すのはマダニでもなく、イエダニでもない。それは家屋内の畳や絨毯《じゅうたん》にわくダニである。こういうダニのことを、ラジオやテレビでは「イエダニ」ということがあるが、これは大間違いである。イエダニは総称ではなく、オオサシダニ科に属するイエダニ（学名 *Ornithonyssus* bacoti オルニトニッスス・ベイコッティー）という種の和名なのである。日本人の生活形態、とりわけ住居の構造が変わってから、家庭やビルの中のダニ相がすっかり変わってしまったのである。その結果、どうなったかというと、旧来の日本家屋にすむイエダニが減り、コンクリート建築のアパート、マンション、オフィスにすむコナダニ、チリダニが増えてきたのである。

まず、コナダニであるが、これはイエダニと違って吸血性がまったくない。貯蔵食品に発生するダニである。もちろん、このダニは昔から日本に生息し、乾物屋で売っている食料品にはごく普通に見出された。昭和三十年ころの調査によると、東京都内の食品店二〇店からさまざまな食品を購入して検査してみたところ、味噌一〇〇％、煮干し八五％、砂糖六五％、チーズ五四％、パン粉四五％、きな粉と粉ミルク四〇％……というように、高率でコナダニが発見されている。私たちは当時それに気付かずにダニごと食品を口に入れ、別に病気にもならずに過ごしてきた。

不思議なことにダニつきの食品を家に持ち込んでも、それが居間や寝室で大繁殖することはなかった。それは日本古来の建築様式のお陰であった。日本家屋を特徴づける庇《ひさし》、軒、縁側、襖《ふすま》、障子などは湿度の高い日本の気候風土にみごとに適《かな》ったものであり、このお陰で室内の通風が保たれ、湿度が調節され、コナダニの大発生が押えられていた。囲炉裏《いろり》による燻煙効果も見逃せない。

　最近の建築がコナダニの大発生を招いたのは、まずコンクリートと畳の組み合わせ、つまり、日本の気候にあわない和洋折衷の様式であった。完成したばかりの団地のマンションなどではコンクリートがたっぷりと水分を含んでいる。そこへ畳を敷きこんだ上、アルミサッシの窓で密閉し、入居者を待つ。その間、コナダニにとってよい栄養源となる湿った畳床のワラ、それに高湿度、暗黒、無風という絶好の繁殖条件に恵まれ、コナダニは大繁殖をして、黒っぽい畳の縁が白く粉をふいたよう見えるまでになってしまう。

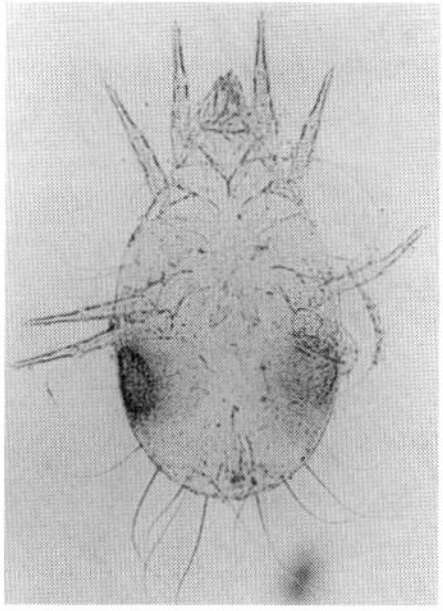
今のアパート、マンションに多いコナダニ

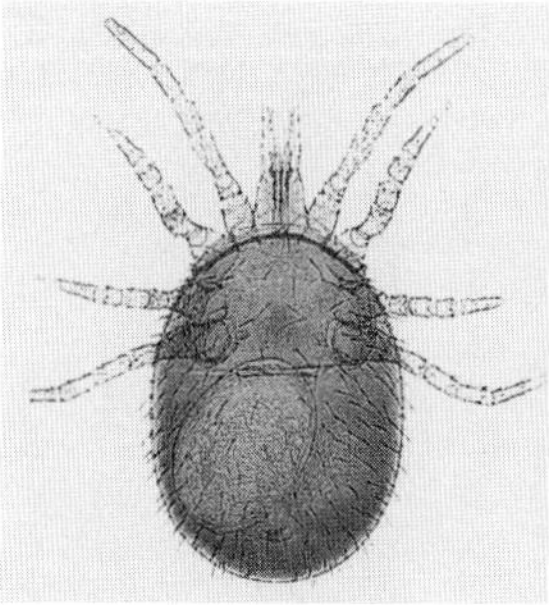
昔の日本家屋に多かったイエダニ

　人が住み込んでからも、コンクリートの水分はなかなか抜けないからコナダニの発生は続く。放置しておけば、畳も古くなって乾き、ダニは徐々に減っていくのだが、まずいことにダニがわくと、新しい畳に取り替える。ダニは養分の豊富な新しい畳が好きであるから、いつまでもダニの発生が続く。「畳と女房は古いほうがいい」なんて冗談を言っても、全然通じない。つまり、以前は食品に多かったコナダニがいまでは密閉された包装により激減し、その代わり畳で大繁殖しているのである。コナダニは絨毯《じゅうたん》を食べることはないが、畳の上に絨毯を敷いてくれると、ダニにとってはまことにすみ心地が良くなる。

家の中にコナダニが発生したからといって、コナダニは人を刺したり、吸血したりはしない。しかし、コナダニが大発生すると、時として痒《かゆ》くなる。それは、どこからともなくコナダニの天敵のツメダニが出現し、コナダニを片っ端から捕食するかたわら、時々人の皮膚をチクリと刺すからである。

最近の室内ダニのもう一方の主役はチリダニ（別名ヒョウヒダニ）である。このほうは、畳のないところにも発生する。かれらは人が大勢集まるところ、たとえば学校、映画館、コンサートホール、電車、バスの中などにすみ、人間が落とすフケ、アカ、カサブタ、ハナクソなどを食べて生きている。チリダニも人を刺すことはないが、その脱皮殻や糞を人が吸い込むと、体質によって気管支喘息《ぜんそく》を引き起こすことが知られている。

すなわち、日本の気候風土に合うように工夫を重ねてできた建築を惜しげもなく捨て去り、コンクリートとアルミサッシの建築物の中に畳を敷くという愚かな選択をした日本人がコナダニとチリダニの大発生を招いたのである。この和洋折衷は大失敗であった。ちなみに、わが家は隙間風だらけのボロ家で、畳も二〇年以上も取り替えず、カサカサに乾いているから、ダニはほとんどわかない。きたない畳が気になる方は、畳表だけを張り換えることを勧める。

このような話をしてくると、ダニが気になってしかたがない人たちが出てくる。しかし、人家の中にはダニが生息しているのが当たり前である。室内のゴミやチリを集めて、ダニ分離装置にかけてみると、少ない家でも五〜六種類、多い家では二〇種類ものダニが発見される。その多くは無害のダニである。ダニがまったくすめないような家にするためには、強力な殺ダニ剤で絶えず室内を燻蒸《くんじょう》しておくしかないが、それでは人体にも害を及ぼすことになってしまう。

ヒトも生物、ダニも生物である以上、この両者は一緒に住んでいくことを覚悟しなければならない。ただ、ダニのほうが大発生しないように、気を配る必要があるだけのことである。幸いなことに、気温二八度C、湿度六〇%以上という、コナダニにとって最も快適な条件は、人間にとっては不快であり、一致しない。

最近は、とくに家庭の主婦の間に「ダニ・ノイローゼ」ともいうべき現象が蔓延していることは困りものである。身体がむず痒いと、なんでもダニのせいにしてしまい、絶望的になる。一日に何回も下着を取り替え、脱いだ下着を大きい鍋で煮沸する人もある。来客がちょっと首筋に手をやったのを見ただけで、自分から来客にダニが移ったと信じこんでしまう。なんでも、中途半端な知識は恐ろしい。

ただし、文化財を保管するような場所では、ダニがほとんどすめない環境にする必要がある。幸い、文化財に直接加害するようなダニはほとんどいないが、コナダニ類のあるものはカビの生えた動植物の標本に加害するし、また菌類を運搬する可能性がある。カビが先か、ダニが先か、はっきりしない場合も多く、今後の研究が待たれる。

食品ダニ過敏症

私の研究室には、食品を扱っている会社の人が真剣な顔つきで訪ねてこられることがたびたびあった。話を聞いてみると、「ウチの製品にダニのようなものが入っていたんです」という。持参してきたものを検鏡してみると、持ち込まれた総件数の二割がたはダニではなく、チャタテムシ（嚙虫目《ごうちゅうもく》の昆虫）である。顕微鏡の前に座ってもらい、「ほら、触角もあるし、立派な目もあるでしょう。これは昆虫ですよ」というと、「へェー、ダニは昆虫じゃなくて、触角も目もないんですか！」と驚いたうえで、ほっと安心顔になる。

しかし、残りの八割はやはりダニであることが多い。「ああ、ダニですね」と私が事もなげにいうと、「やっぱり……」とガックリうなだれて顔面蒼白になる。そして、「もちろん、人を刺すんでしょうね」「もし、これが口から入ったらどうなるんです？」とくる。私は意地悪く、しばらくその真剣な顔を楽しんでから、「このダニは人を刺せったって刺しませんよ。食べたところで別にどうってことはないですな」とケロリとしていうと、相手はキョトンとしてしまう。

私はさらに追い打ちをかける。「この世の中でダニを食べたことのない人なんて、生まれたての赤ん坊を除けば、一人もいませんよ。あなたぐらいのお歳なら、すでに少なくとも数千びきのダニを食べているはずです。でも、元気で生きていますね」。

とにもかくにも、ダニという生きものは人様からたいへんに誤解され、身の毛もよだつほど忌みきらわれているものらしい。〝過敏症〟も、そういう意味でつけた表題である。もう少し、一般の人々にダニについて正しい知識をもってもらい、冷静な対処をしてほしいものだと思う。

そもそも、ダニ類がこの地球上に出現したのは、古生代のデボン紀というから、いまから三億数千年以上も前のことになる。鳥や哺乳類が出現したのは、それより一億年以上もあとの中生代に入ってからであるから、ダニの祖先は鳥やけものにたかろうにも、たかる相手が存在しなかったことになる。というよりも、ダニ類は本来、寄生性の動物ではなかったのである。

ダニ類の親せき筋に当たるクモ、サソリ、カニムシ、ザトウムシ類などはみな捕食性の動物であり、他の虫などをつかまえて食べて暮らしている。ダニの祖先も同様な生活をしていたに違いない。これらの〝親せき〟の大部分の群は地球上で大した発展も遂げず、種類数もいまだに少ないけれど、どうしたわけか、クモ類とダニ類だけは大繁栄をなしとげ、地球上に満ちあふれるばかりになってしまった。その理由はよくわからないが、おそらくクモは糸を利用することによって生活のうえで有利さを獲得し、ダニは体が小さかったことが幸いしたのかもしれない。

現在、地球上に生息するダニ類で学名のつけられたものだけでも五万種は超えるだろう。しかも、その九〇％以上の種が自由生活を営んでおり、非寄生性、非吸血性である。血を吸うダニなどというのは、ダニ族全体からみれば、一部の変わり者にすぎないのだが、困ったことに世間一般の人々はこの一部の吸血性ダニだけをよく知っていて、ダニ族全体が〝いやらしい虫〟ときめつけてしまっている。

もちろん、ネズミに寄生し、ときとして人の血も吸うイエダニ、家畜や野獣にたかり、山に入った人にもつくことがある大型のマダニ、山野でツツガムシ病を媒介するツツガムシなどは確かにいやらしい虫の部類に入る。それに、一部の人たちにとっては、室内塵中にすむヒョウヒダニも、気管支喘息の原因虫とみなされ、困りものである。農作物に加害するハダニ（農家の人のいうアカダニ）も重要な害虫である。

しかし、種類のうえからも、数のうえからも、最も多くのダニが生息している本来の住みかは大自然の中である。とくに、鬱蒼と茂る森林の地表に堆積した落ち葉の中はダニ族にとってパラダイスである。森の落ち葉がいつの間にか腐って消えてゆき、やがては植物の養分にまで分解されるのは菌やバクテリアの働きによるということはよく知られているが、その際に落ち葉や土の中にすむ動物たちが大きな力を貸してくれる。

ミミズ、ダンゴムシ、ワラジムシ、ヤスデ、トビムシ、ダニなどがこれらの植物遺体をコツコツと噛み砕き、あたかも牛肉を挽き肉にしてくれるように細かくし、それが微生物にバトンタッチされて、さらに分解が進められてゆく。とくに土中のダニの数はずばぬけて多く、地面一平方メートル当たり数万～十数万びきに達する。私たちが森の中を歩いているとき、一歩踏み出すごとに片足の靴で一〇〇〇～三〇〇〇びきのダニを踏みつけている勘定になる。

もちろん、これらのダニは落ち葉を食べるものばかりではなく、他のダニやトビムシなどを捕える捕食性のダニも含まれている。しかし、人の血を吸うダニはほとんど含まない。私の調査では、人手の入らない自然の森ほどダニが多く、公園や都市植栽の土の中になると、ダニ数はずっと少なくなってくる。有機物が多量に堆積しているところほどダニが多いといってもよい。

さて、私たち人間が口にする食品も、ダニからみれば有機物の堆積と変わりはないから、ふつうの状態にしておけばダニがすみつくのは当然である。ただ、建物の中の温湿度その他の条件が自然界とはかなり異なっているので、生息するダニの組成も少し違ってくる。自然の森林土壌ではササラダニ類＞ヤドリダニ類・ケダニ類＞コナダニ類という多さの順序が、貯蔵食品中ではコナダニ類＞ヤドリダニ類・ケダニ類＞ササラダニ類という順序に変わってくる。

このうち、ササラダニ類、コナダニ類は死んだ動植物質を栄養源とし、ヤドリダニ類、ケダニ類は他のダニや小昆虫を食べている。食品中に最も多くみられるコナダニ類は日本に二〇種以上知られており、米、麦、小麦粉、きなこ、砂糖、味噌、チーズ、チョコレート、ビスケット、煮干し、乾麺など、あらゆる貯蔵食品に発達する。いったん開封した食品を台所などの温湿度の高い場所に保存しておくと、必ずといってよいほどダニがわく。

私の家でも、医者の不養生と同じで、ときどきダニをわかしてしまうが、いちいち気味悪いからと捨てていたら安月給の身が持たないので、熱を加えられるものは平気で食べてしまう（六〇度C、一分間で死滅する）。ダニが死んでしまえば、熱帯魚の餌にする乾燥ミジンコとさして変わりはない。栄養になるかもしれない。

ただし、食品がダニで真っ白になるほどわいた場合は、食品が変質し味も落ちるので捨てざるをえない（ドイツでつくっているアルテンブルガー・チーズは、わざわざコナダニをわかして独特の風味を出すという）。

昔、医学者が人の尿や便の中から生きたダニを見いだしたという例がいくつも報告され、そのダニは喰腎血虫《ショクジンケッチュウ》だとか腸癬虫《チョウセンチュウ》だとか、大げさな名前がつけられたことがあった。実は、これらのダニはホコリダニやコナダニであって、人体の寄生虫ではないことがわかった。たとえコナダニを生きたまま食べてしまったとしても、人間の胃や腸の中の消化液に長時間浸されて、なお無事（？）に肛門や尿道から脱出できるとは、とても考えられない。人体内に寄生するよう特化した生物ならいざしらず、コナダニは本来野外に自由生活する〝ふつうの虫〟であって、そんなに特別な生きものではない。

現在の知見では、それらの生きたダニは人体内を経由して出てきたものではなく、そのへんをうろついていたやつが検尿検便用のガラス器具に迷入したものであろう、ということになっている（ダニの外皮が消化されずに便中に検出されることは、ありうる）。

このように、コナダニ自体は人を刺すこともなく、たとえ口から入ったとしても病原性があるわけではなく、またヒョウヒダニのように喘息の原因になることもまずないので、それほど騒ぎ立てるに値する害虫ではない。以前、関東地方の団地にコナダニが大発生し、大騒動になったことがあった。新聞にも大きく報道され、その団地の住人のところには友人も親せきの人も遊びに来なくなり、贈ったお中元の品物も返送されてきたという。まるで、コレラか何かの伝染病でも発生したかのような事態である。

実をいうと、ダニがすんでいない住居などというものはありえないはずである。試みに、電気掃除機で床や畳のゴミを吸いとり、ツルグレン装置（土壌動物抽出装置）にかけてみると、どこの家庭だって少なくとも二〜三種、多い時は十数種のダニが検出される。みんな知らずにダニと同居しているのである。だれかがダニを持ち込んだとか、どうとかいう問題ではなく、ダニは自由に空を飛び（正しくは飛ばされ）、どこの家の中でも細々と暮らしており、だらしのない主婦のいる家でのみ、しめたとばかり大繁殖するだけのことなのである。

「ダニがついていた」と売った商品をつき返され、青くなって私のところにとんできた小売店の主人や食品会社の部長さんたちは、ただ平あやまりにあやまったというが、初めから商品にダニがついていたのか、買った人が家でダニをわかせてしまったのか、なかなか判定がむずかしい場合もある。

最近、横浜市内の女子大学の学生の卒業研究で実験をしてもらったのだが、買ってきた食品を開封し、袋の口を折っておいたり、輪ゴムで口をしばったくらいでは、たちまちコナダニが侵入してしまうことがわかった。茶筒（円い缶）の身と蓋のわずかな隙間だって、ダニにとってはやすやすと通れるのである。一ぴきのダニも食べずに暮らそうと思ったら、これは至難の業である。

先日、中国から輸入された茶葉のダニ検査を依頼された。日本ではいま、中国茶がもてはやされているので気になるところである。依頼されたプーアール茶はいわゆる黒茶と称し、通常私たちが飲んでいる緑茶、紅茶の類と製法が異なり、自然発酵を何回も繰り返した後、乾燥熟成工程が数年間という長期間を要するものである。

検査法は、茶葉一〇〇～一五〇グラムをとり、ツルグレン装置に入れる。この装置はもともと土壌中の微小動物を採集するためにヨーロッパで考案されたものであり、私の研究室にはそれを改良したものが八〇台あった。原理はきわめて簡単で、乾燥すると多くの動物は下方へ移動するという習性を巧みに利用したもので、熱源には六〇ワットの電球を用いている。装置の下部には漏斗が取りつけてあり、金網ごしに落下した虫は下受けのアルコール入り瓶の中に自動的に集められる仕かけになっている。

本来、土や落ち葉の中にすむ動物を分離抽出するためのものであるが、食品中の虫を抽出するのにもたいへん便利である。生きた虫しか抽出されないわけだが、これがこの装置の欠点でもあり、利点でもある。他の検査法では、生きた虫も死んだ虫もいっしょくたに検出されて判別ができないため、生態学的には意味のない虫数を産出することになってしまう。

検査の話果、案の定、茶葉からもダニが検出された。落ち葉の中には無数のダニが生息しているのだから、枯れ葉同様の茶葉もダニにとってはよい住みかになるわけである。しかし、意外とダニ数は少なかった。ダニが大発生して食品に白い粉がふいたようになる場合には、食品一〇〇グラム当たり何万びきというダニ数になるものである。さらに私にとって意外であったのは、食品中にきわめてふつうに見られるコナダニ類が検出されなかったことである。

検出されたシリケンダニとフシイレコダニは、どちらもササラダニ類の仲間で、日本を含めたアジアの森林土壌の落ち葉中に広く生息している種である。おそらく、これらのダニは生きていることから、発酵後の乾燥熟成工程および包装前の工程等で発生したものと思われる。

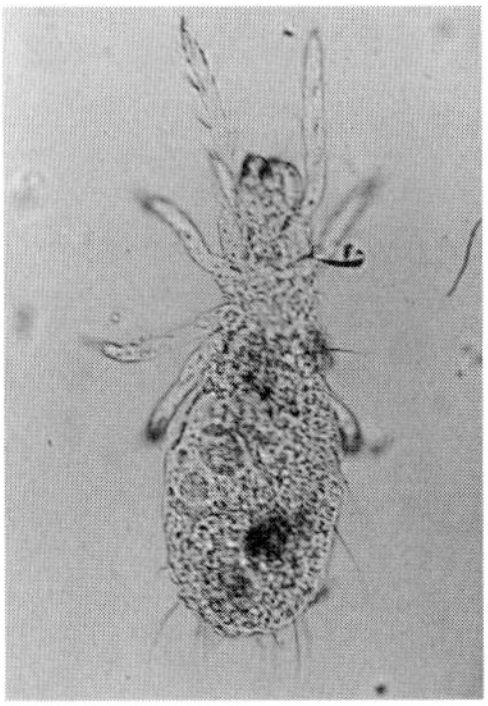

茶葉の中から見つかったササラダニの一種シリケンダニ（人体に無害な種）

ニセコハリダニほかの四種は、どれもケダニ類の仲間で、捕食性の種類であった。最初のころ、この茶葉を輸入した会社の社長さんはダニと聞いてびっくりし、中国側に文句をいったところ、「私たちは何千年来、同じ方法で茶を製造しており、それを飲んで中国人は健康を保っているのだから、いまさら何をいうのですか」と逆ねじをくわされてしまったという。

考えてみれば、よほどの人工的食品は別として、自然界で育ったものを材料とし、それをただ乾燥させたり、発酵させたりしてつくった食品には、ダニぐらいいたって当たり前ではないか、とも考えられる。虫やカビを完全にシャットアウトするために、殺虫剤や殺菌剤の使用量がふえるとしたら、そんな処理をした食品のほうが、はるかに問題となると思う。「一億総グルメ、これでよいのか？」というテレビ番組で、養殖魚にふんだんに使用される抗生物質、まだ不安の残る農薬の農作物への散布、殺虫剤による果物の防虫処理などが報じられていた。

殺虫、殺菌のために薬剤量をふやした食品を食べさせられるよりは、少々ダニぐらい入っている食品のほうが、はるかに安心して口にできるというものである。どうか誤解しないでいただきたい。これは比較の問題である。私はなにも「ダニを食べなさい」と言っているのではない。土を豊かにしてくれるダニの存在なども考えると、私たち人間は、一方ではダニのおかげで生存している面も大きい。したがって、食品中のダニについても必要以上の恐怖心を捨てて、ダニ族本来の姿や習性を熟知し、冷静に、効果的に食品中での大発生を防ぐよう、衛生的な製造・管理を心がけたいものである。

不快動物

ナメクジが這っていたりすると、ものすごい悲鳴をあげてとび上がる女の人がいる。別に不潔な動物ではないし、人にかみつくわけでもない。なにも悪さはしないのに、といくら説明しても、生理的にどうしてもいやなのである。ところが、ナメクジのごく近い親類で、背中に殻を背負っているだけの違いのカタツムリのほうは一向に平気で、むしろ可愛がられたりする。これはどうしたわけだろう。

私たちの周囲には、人様になにも悪さをしないのに、きらわれたり気味悪がられたりする動物がたくさんいる。こういうのを不快動物と称する。イモムシ、ケムシ、カエル、ミミズなど。クモだって、日本にいるものは素手でつかんでも、まずかみつかれることはない。夜のクモは縁起が悪いとかいってたたき殺されるが、アシダカグモなど、網を張らず獲物を求める徘徊《はいかい》性のクモには夜行性のものも多く、せっかく害虫退治をしてくれているのに、ひねりつぶされたのではたまらない。
ゲジゲジも家の中のハエやゴキブリをたべてくれる益虫。ゲジが頭の上を這うと毛が抜けるなどというのはまったくの迷信。ミミズに小便をかけると、どうとかなるというのもウソである。

こうしてみると、人間に不気味な感情を起こさせる形とか動作というものが、はじめからあるようだ。不快動物の形をみてみると、ニョロニョロと長い、足がたくさんある、毛が密生している、表面がヌルヌルしている、などの特徴のどれかをもっている。

ゴキブリを捕らえた日本最大のクモ、アシダカグモ

ゴソゴソと這ったり、うごめいたりするやつもいけない。空想科学映画に登場する得体の知れない生物などは、こうした特徴を組み合わせてでっち上げれば満点である。どうやってこういう形や動作がいやな感じを与えるのか、なにを連想するのか。私にもよくわからない。

さらに不思議なのは、いやな形をしているはずの動物でも、これが食べられるとなると、食い気のほうが先に立ってしまうのか、不快感はどこかへすっとんでしまうらしい。考えてみれば、カニなどはずい分と不気味な形をした動物のはずである。巨大なクモのお化けのようで、ケガニなどは毛むくじゃら、おまけに恐ろしげなはさみまでもっているではないか。世の奥様方は、こんなのを平気で買い物かごに入れ、台所で素手で料理なさる。もちろん、私だってカニをみて気味悪いなどと思うわけがない。「うまそうだなあ、しかし、ちょっと高価で手がでないわい」と横目でにらんで立ち去る。もし、カニが食えない動物だったら、こうはゆかないだろう。

ウナギだってヘビのように長くてヌルヌルしているけれど、あの舌の上でとろけるような蒲焼きの前身だと思うから、少しも気味悪くない。ナマコなどは無気味な姿の最たるものであろうが、これを魚屋の店頭に並べたからとて、奥様方が店に近寄らないということはない。食い気とは恐るべきものである。

食生活というものは国や土地によって違うから、不快動物も土地土地によって異なる。日本人がタコを平気で食べるのをみて、アメリカ人が失神しそうになったことがある。私がセミやトンボやオタマジャクシを喜んで食べるのを見て友人はあきれ顔をするが、私にいわせれば、こんなうまいものを食べぬ手はない。無意味な不快動物をたくさん心の中にもっている人ほど、不しあわせである。

しかし、不快とは感情の現われであって理屈ではない。科学的に根拠がないから、不快がるなといってもそうはいかない。嫌なものは、どうしたって嫌なのである。

そういえば、近ごろの町中や乗り物の中にも〝不快動物〟がうようよしている。電車の中でいつまでも頭髪をいじくっているなよなよした男の子、地下鉄の中でサングラスをかけた女の子、夜行列車のステテコ族、口をきくと事故のもとになるのか、絶対に返事をしてくれないタクシー運転手、数えあげればきりがない。こんなのは大して害にはならないけれども、生理的にどうしても不快である。ウナギやナマコと違って食うわけにもいかないので始末がわるい。困ったものである。

花鳥虫魚―都会の生きものたち

都市は人間が人間のためだけを考えてつくった空間である。植物やヒト以外の動物のことなど考慮にいれてやる余裕などない。街中には緑があるにはあるが、それは単に植物をデザインとして使っているにすぎない。植物は口をきかないから、人間にはわからないが、とても喜々として生きている状態ではなかろう。

一面コンクリート建造物とアスファルトでおおわれた都市は、動物たちにとっても極めてすみにくい環境となる。本来その地域にいたであろう種、たとえばキツネ、ノウサギ、キツツキ、シマヘビ、サンショウウオ、カラスアゲハ、タマムシなど、ほとんどが姿を消した。

ところがおもしろいことに、こんなひどい場所にも（どうして人間だけには、ひどい場所でないのだろうか）すき好んですみついてくる動物がいる。人間の出す廃棄物に依存する生きものたちがいる。早朝の東京銀座の裏通り、まだゴミ回収車がやってくるには少し早い時間、浮浪者がゴミ箱の蓋を開けて歩く。そこへ神宮の森や皇居の森から、ハシブトガラスが大挙してやってくる。ドブネズミも出てくる。ゴキブリも這いずり回る。コナダニが繁殖する。そこには一種異様な生態系が存在する。

一方、日本の多くの大都市で夏の終わりから秋にかけて、夜、街灯のそばの並木や茂みで人の話し声も聞こえないくらい、「シュリーシュリー」とうるさく鳴き競うアオマツムシ。かわいらしい姿で道ゆく人をほほえますが、都市域の電話線を齧《かじ》って混線や不通などの被害を出すタイワンリス。最近になって都会の空を飛び交う緑と赤の派手な色の大型の見慣れぬ鳥、ワカケホンセイインコ。これらはみな、外国からやってきてわが国に定着した帰化生物である。都市には外国人が多いのと同様、外来生物も多いのである。

さらにおもしろいのは、都市にはドバト、イワツバメ、ある種のダニなど、本来岩壁性の生物もすみついている。コンクリート建造物を岩壁と間違えているらしい。大都市化が進むなか、都市生物はこの先どのようになっていくのだろうか。

デパートの屋上のダニ

デパートの屋上にヘンなオジサンが現われた。スプーンを片手にコンクリートやタイルの隙間にたまったわずかな土とそこに生じたコケをこそぎとっては紙袋に入れ、大事そうに鞄にしまいこんだ。遊園地の係員が不審そうな目付きで見ている。幼児を遊ばせていたお母さんたちも、心配そうに子供をそばに引き寄せている。こんなふうに怪しまれながら、私は旅行をするたびに、北は北海道の釧路から南は沖縄の那覇まで、二四都市のデパートの屋上に駆け上がり、微量の土とコケを採り続けた。

私の専門は森林の土壌表層に生息し、落ち葉を噛み砕いて豊かな土づくりに貢献しているダニの研究である。このダニ（ササラダニ）は原生林から二次林、人工林、果樹園、公園緑地、道路植栽にいたるまで、あらゆる環境の土壌中にすみついているが、自然に対する人為的干渉の加わり方に応じて種組成を敏感に変えるために、環境の指標生物として最適であると考え、それを環境診断に用いることを私が提案している。良好な自然が残された森では両手に一すくいの腐葉土から三〇種くらいのササラダニが見つかるが、大都会のビルの前の植え込みの土からも、劣悪な環境に耐えられる五〜六種のダニが見つかる。では、ダニがすめないような最悪の土壌はあるのだろうか。

たとえば、都会のデパートの屋上のコンクリートの隙間にたまったわずかな土には、さすがにダニもすめないだろう。そこは真夏の晴天日には手で触られないくらい熱くなるだろうし、時には何日もカラカラに乾燥し、雨が続けば水浸しになる。こんな厳しい環境にすみつく生物がいるはずはない、と思ったのが大間違いであった。そこには必ずと言ってよいほど、二〜三種類のササラダニが生息していたのである。念のため、デパートの経営者やお客さんに説明しておくが、このダニは決して人にたかったり血を吸ったりはしない善良なダニである。くれぐれもご心配なきよう。

この発見に私はひどく興味をそそられ、二、三年、森からはなれて都市のコンクリート建造物のダニの採集に明け暮れた。デパートの屋上だけでなく、ビルの裾、舗装された歩道の縁、歩道橋のステップの隅、駐車場のブロック塀、駅のプラットホームなど、注意してみればいたるところに、コケが生えていた。コケが採りたくて電車が行ったばかりの線路に飛び降りたら、駅員がすっとんできて、ひどく怒られたこともあった。

　このような場所から見つかったダニの中で、最も多かったのがサカモリコイタダニ、シワイボダニの二種である。これらのダニは緑豊かな森林の土壌には決して生息していない。日本列島二九〇〇地点に及ぶ森林や草原での私の調査では、まったく発見されなかった種である。それがいままで見向きもしなかった都市の建造物のコケから見つかるとは、驚きであった。

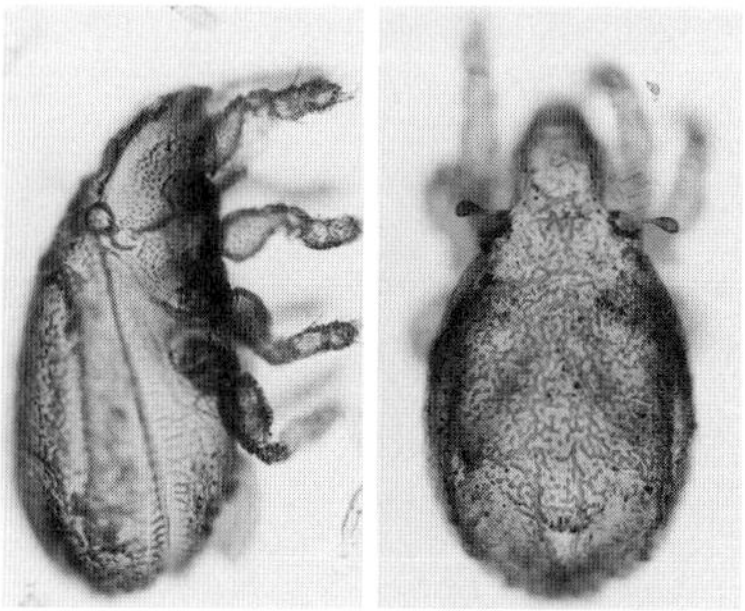
デパートの屋上に生息するシワイボダニ

　よくよく考えてみれば、最初から都市にすんでいたダニなど、あるはずがない。きっと、どこかにかれらの本来の住みか、つまり故郷があるにちがいない。その予想はほぼ当たりかけてきた。壱岐の島の海岸の岩場にへばりつくように生えていた低木の下の乾いた土から、サカモリコイタダニが発見されたのである。つまり、自然界でありながら、この岩場のように貧栄養で乾燥した厳しい環境にすんでいるサカモリコイタダニにとっては、大都会の植え込みやコンクリートのコケなどの生える場所は、自分たちの故郷にそっくりだと判断し、すみついているのだ。
もうひとつのシワイボダニの故郷は依然不明のままである。私の推測では、かれらの故郷は自然界の断崖絶壁であるとにらんでいる。人間の目で見ればまったく別物であっても、このダニにとって、デパートの屋上はほとんど植物の生えていない断崖の岩棚にも等しいのだと思う。都市には岩壁生物がすみつくというのが、私の最近の持論である。

都市化が進むと、多くの生物が住みかを失って消滅していく。昔はふつうに見られたキツネやタヌキもいなくなり、小鳥や蝶の種類も減ってくる。そこには人間の出す生ゴミに依存するカラス、ネズミ、ゴキブリや、外国からやってきた帰化生物だけがすみつくことになる。しかし、さらに都市化が極端な状態にまで進み、コンクリート、アスファルト、鉄、ガラスだけの無機的な環境になれば、これらの生きものすらも姿を消すだろう。そして、そこは人工的な「岩場」となり、人間とコケとダニだけの世界になるだろう、というのが私の予想である。

一緒に暮らしたい動物

自然保護や生命尊重の教育が徹底したお陰で、「どんな生きものにも命があるのだから、大切にしなくてはいけない」という考えが人々の頭にたたきこまれた。しかし、実際はどうだろうか。メジロはかわいいけれど、カラスは憎たらしい。トンボはいいけれど、ハエはいやだ。こんなふうに、人間にはどうしても動物に対する好き嫌いがあって、その感情は押さえきれない。これは人間にとって有益か有害か、という問題とはまた別の感覚的なことであって、それは人によってさまざまに異なる。

自然界に生息する動植物の種組成を人間の勝手で変えてしまうことは基本的に許されないことではあるが、人間が高密度に住んでいる都市や町の中だけは人間の好みや我がままを通してもらって、好きな動植物だけが存在するような環境をつくっても許されるのではないか、と最近考えるようになった。町づくりのプランの中に、人間と一緒にすむ動物たちのことを取り込んでもいいのではないか。さて、そうなると、住民たちはどのような動植物が好きなのだろうか。

植物の場合は、街路樹として植えられているイチョウ、スズカケノキ、ケヤキ、公園に多いクスノキ、ムクノキ、カエデの仲間、雑木林を構成するコナラ、クヌギ、エゴノキ、人家の庭に植えられるマツ、ツバキ、クチナシ、キンモクセイなどは、みんな人間の好みにあった種なのだろう。しかし、動物となると、植物のように「植える」わけにはいかず、いろいろな種類が勝手にすみついてくる。なかには喜ばしいものもあれば、嫌なやつもいる。横浜国立大学に勤務しているとき、私の講義を聴いている約一五〇人の学生を対象にアンケート調査を行ってみた。全部で三三種の動物を示し、「君たちはこれらの動物と一緒に暮らしたいかどうか？　それぞれの動物に、イエスなら○《マル》、ノーなら×《バツ》をつけなさい」という問いかけをした。結果は次のようであった。

○《マル》の数の多さで、一位はウグイスの八七％、続いてムササビ、タヌキ、ツバメが八〇％台、キツネ、カメが七〇％台、チョウ、テントウムシ、フクロウが六〇％台、タカ、イタチ、カタツムリ、セミが五〇％台。以後は×《バツ》の方が多くなるが、カエル四六％、ミミズ、トカゲ、クマ、イノシシが三〇％台、コウモリ、イモリ、ヤモリ、トラ、クモ、ネズミが二〇%台、ワニ、シマヘビ、イモムシが一〇%台、マムシ、ガ、スズメバチ、ハエになると一〇%以下になる。

この結果を見て、好き嫌いの順番はおおむね私が予想したとおりであった。しかし、よく見ているうちに、だんだんと「あれ、おかしいな」と思い始めてきた。たとえば、ウグイスと一緒に暮らしたい人は八七%いてトップの順位であるが、なぜこれが一〇〇%にならないのか？　引き算すると、一三%の学生はウグイスと一緒に暮らすのが嫌なのである。同様に、二四%の学生はカメと一緒に暮らすのが嫌で、三二%はテントウムシが嫌い、四七%はカタツムリが嫌いなのである。こんなに好ましく、愛らしい生きものまでが、少なからぬ学生に嫌われているという事実に、私は愕然となった。現代の若者の自然離れが、ここまで生きものに対する「気持ち悪い志向」を増大させてしまったのか。

植物と違って特定の動物を町の中に定着させることはたいへん難しいが、多くの人々が一緒に住みたいと思う動物が好む環境をうまく創造して配置すれば、いまの技術をもってして決して不可能ではないだろう。しかし、これからの人類がそれを望まないのであれば、そんな努力は無駄になってしまう。私の気持ちは、いまちょっと沈んでいる。

生きもの豆知識

カニムシ

生きものの名前あれこれ

日本の場合、ほとんどの生きものは三種類の名前を持っている。和名、俗名、学名の三つである。例をあげれば、ヒグラシは和名、カナカナは俗名、*Tanna japonensis*（タンナ・ヤポネンシス）は学名である。和名と俗名をまとめて日本語名といってよい。つまり、いくつかある日本語名の中の一つを選ぶか、あるいは新しく考案したものを和名（標準和名ともいう）とし、あとはすべて俗名あるいは地方名とよばれる。

そのへんが一般にはよく理解されておらず、ある新聞には「ツキミソウ（学名オオマツヨイグサ）」などと書かれていた。カタカナで書かれたものは学名ではありえない。学名とはラテン語、ギリシャ語、またはラテン語化・ギリシャ語化された言語で、世界共通のものである。しかも、国際動物命名規約あるいは国際植物命名規約にしたがって、命名しなければならない。

そこへいくと、和名のほうはもっと自由で、図鑑などで最初につけられたものが和名として使われていくことが多い。和名の付け方にもいろいろある。たとえば蝶を例にとると、カラフトタカネキマダラセセリ、オオウラギンスジヒョウモンなど長ったらしい名前は、いかにも学問的であり、和名を見ただけで分類上の所属もきちんとわかるが、なにか味気ない。一方、テングチョウ、ヒオドシなどパッと見でつけた名は簡潔で親しみやすい。

最も長い名前としては、私の知るかぎり、昆虫ではタケトビイロマルカイガラトビコバチ、貝ではツギノワタゾコシロアミガサモドキがあるが、こうなると、どこで切って読んだらよいのかわからない。ツギノ・ワタゾコ・シロ・アミガサ・モドキとすれば、やっと読める。形態的特徴や分類に関係なく、印象でつけられたいい名前は植物のほうに多い。ヒトリシズカなどはすばらしい名前だし、ジゴクノカマノフタ（地獄の釜の蓋）などは実におもしろい。

私たちがふだん使っている生物名には、種名と類名が混じっている。魚屋さんの店先でも、ムツ、カツオ、ブリ、サンマ、アンコウは一つの種を指す「種名」であるが、アジ、サバ、マグロ、タイ、カレイ、ヒラメは複数の種を含む「類名」（または「総称」）

である。もともと、タラ、アジ、イワシなどは種名の場合もあるし、類名の場合もあったが、それでは困るので、種名を意味する場合には「マ」(「真の」の意)をつけて、マダラ、マアジ、マイワシとよぶことにしている。

もっとも、魚屋さんの店先でのよび名はまことに不正確というか、いい加減で、売れやすいように勝手に名前を変えている。たとえば、ギンダラをムツ、トコブシをアワビ、貝殻から出して刻んだアカニシをサザエと名札をつけていたりする。私はこれは詐欺だと思っている。肉屋さんでヒツジの肉を牛肉として売ったら罰せられるのに、なぜ魚屋さんだけが許されるのだろうか。世の奥様方、魚介類の図鑑だけは手元において、勉強していただきたい。

生物名に関しては、必ずしも名は所属を表わさない。アマダイは決してタイの仲間ではなく、ベラの親類である。赤い魚をひっくるめて「—ダイ」とよんでしまっているのである。ヘビトンボはトンボではないし、コウガイビルはヒルではない。ウメノキゴケはコケではなく、地衣《ちい》(菌類と藻類の共生体)の一種である。でも、こんな名前は不正確だから変えろという人はいない。

ところで、地球上の生物にはすべて名前がつけられていると思っている人がいたら大間違いである。現在、命名された動植物は世界で一四〇万種といわれている。しかし、これは地球上の全生物のほんの一部にすぎず、まだ名前のついてない種にすべて命名したとしたら、それは一億種を超えるだろうと推定されている。つまり、世界の生物種の一・四％未満しか名前がついていないことになる。分類学者の命名作業は永遠に続く。

樹幹に着生する地衣の一種のウメノキゴケ

日本のゴキブリ六一種

ちょっと犬の好きな人ならば、犬の種類をあげなさいといわれたら、シェパード、コリー、ビーグル、ボクサー、プードル、チワワ、ダックスフント、ラブラドルレトリバー、マルチーズ、ポメラニアン、チャウチャウ、秋田犬、土佐犬などスラスラと出てくるだろう。世界中の犬種は数百種あるといわれ、アメリカン・ケネル・クラブが公認しているものに限っても一二一種あるという。リンゴだって、紅玉、国光、富士、ゴールデンデリシャス、インドリンゴなどいろいろある。しかし、これらはみな品種であって、生物学上の「種」ではない。犬はすべてひっくるめてイヌという一つの種、リンゴもすべてリンゴという一つの種に属する。人間もいろいろな人種が世界中にいるが、やはりヒトという一種の生物にすぎない。

このように、生物学上の厳密な種に限定したとしても、その数は一般の人たちが想像していることよりも、はるかに多いものである。たとえば、日本にはコウモリが四一種、ゴキブリが六一種、ムカデが一三〇種、テントウムシが一六四種いるというと、だれでもびっくりする。一般に知られているのは、そのグループの中で大型の種、美麗な種、役に立つ種、有害な種など、ほんの一部の種に限られている。

「この地球上に何種類の生物がいるか?」。これはたいへんに難しい質問である。多くの書物に書かれている数字によると、動植物全部合わせて一四〇万種といわれている。これはもちろん、名前がつけられている生物の種数である。まだ名前のついていない生物がどのくらいあるか、これが大問題である。

日本の動物のうち、哺乳類《ほにゅう》、鳥類、爬虫類《はちゅう》、両生類、魚類についていえば、ほぼ完全に命名済みであり、その全種類が図鑑などに掲載されている。しかし、もっと下等な動物になると、事情はまったく違ってくる。たとえば、私が専門に研究している土壌中に生息するササラダニ類では、一九五八年に私が研究をはじめたころには日本で七種しか知られていなかった。それが二〇〇一年には六六〇種に達した。そのうちの三八〇種が新種であり、命名する必要があったのである。つまり、私が研究を開始する以前、日本のササラダニ類についていえば、名前がつけられている種の割合は全体の一・〇六%にすぎなかったことになる。このようにして、分類学的に未開拓な動物群の研究がつぎつぎと進み、命名作業が行われていくと、どうなっていくだろうか。

たとえば、京都大学の白山義久教授によれば、ダニよりももっと研究が進んでいない海底の泥の中にすむ線虫などにすべて名前をつければ、地球上の生物は二億種をこえるだろうと推測する。現在一四〇万種だとすれば、それは実際に生息する種の〇・七%にすぎないことになる。つまり、地球上の全生物のうち、名前がつけられているのは一%にも満たないということである。こう考えてくると、生物学者の非力を嘆きたくなるとともに、いくら頑張って名づけ作業をやってもきりがないと思うと同時に、地球上にはなんでこんなにも多くの生物がいるのだろうか、なぜそんなに多くの種がいる必要があるのだろうかという疑問すら出てくる。

最近、急にその重要性が認められはじめた「生物多様性」についても、正直なところ、その意味がわかったようで、わからない。それに対して、「生物多様性とは、人間をも含めた地球上のあらゆる生物の生命維持装置である」というのが説得力のある説明とされている。つまり、地球上にこれほど多くの種の生物がいることは、神様の悪戯でもなく、地球の無駄でもなく、極めて大切な重要なことだと理解しなければならない。

ワラジムシの足は一四本

動物の体を支え、歩行に用いる器官を「足」または「脚」という。「肢」という字を使うこともある。正確には、「肢」のうちで地面につく部分を「足」、それ以外の部分を「脚」というのだが、ここでは便宜上すべて「足」を使うことにする。

【二本足】アオヤギなどの二枚貝の足を一本足と考えるかどうかを別にすれば、一番少ない足の数は二本である。私たち人間は二本足で歩くこと、つまり直立二足歩行を初めて行った動物のように思われているが、哺乳類のカンガルーだって後ろの二本足で移動しているし、多くの肉食恐竜も二足歩行をしていたようだ。その化石を見ると、前足は細く短く、とても歩行には使えそうもない。もちろん、鳥類は全部二足歩行である。二足歩行の利点は歩行から解放された前足を他の用途、たとえば「手」や「羽」として使えるようになったことである。

【四本足】三本足というのはないから、次は四本足である。哺乳類、爬虫類、両生類がこれにあたる。四足歩行の基本は、左前足と右後足を同時に前に出したあと、右前足と左後足を出すというやり方である。爬虫類も同じだが、哺乳類と違って腹が地面に着いている。しかし、哺乳類が走るときは左右の前足、左右の後足をそれぞれ揃えて交互に前に出すし、カエルが急ぐときは、四足を同時に使って跳ねる。

【六本足】昆虫類の六本足はもっとも理想的な足の数と考えられる。かれらの歩き方を見ると、まず左前足＋右中足＋左後足を同時に前へ出し、次に右前足＋左中足＋右後足を前へ出す。つまり、常に三本の足が移動し、他の三本の足が地面に着いている。カメラの三脚を見ても分かるとおり、三本足というのがもっとも安定して倒れにくい。昆虫類はこの原理を見事に使い、体を常に完全に安定させながら前進する方式を採用しているのである。

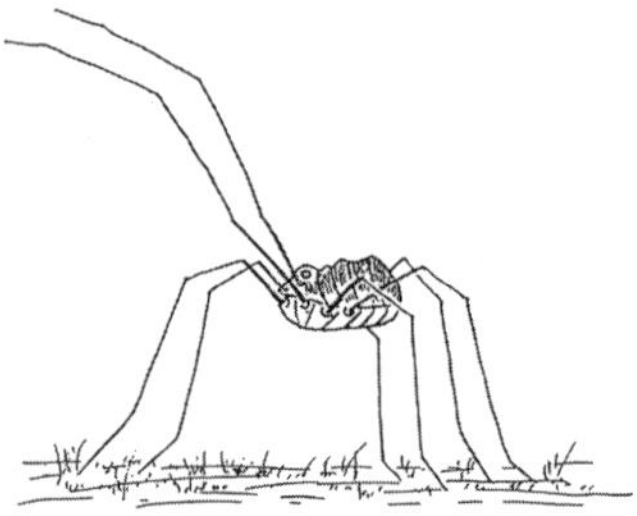
第２脚がもっとも長いザトウムシ

【八本足】クモ、ダニ、ザトウムシなどの蛛形《ちゅけい》類になると、足はもう二本ふえて八本になる。さて、かれらは八本の足をどのように動かしているだろうか。よく観察すると、多くのクモやダニは一番前の一対の足に「探る」ような動きをさせ、歩行には二番目、三番目、四番目の六本の足を使っている。つまり、昆虫と違って触角を持ち合わせないかれらは一番前の足を触角の代わりに使い、残りの六本の足で昆虫のように歩くのである。不思議なことにザトウムシの場合は二番目の足が一番長く、これに触角の役目をさせ、一番目、三番目、四番日の六本の足で歩く。タコも「たこの八ちゃん」といわれるように八本足であるが、八本をバラバラに動かす。急いで泳ぐときだけ、八本を揃えて同時に動かす。

【一〇本足】　イカの仲間では八本足に長い二本足が加わって、合計一〇本足になる。

【多足】　捕まえても数えたことがないかもしれないが、ワラジムシやダンゴムシの足は一四本である。ゲジゲジの足は三〇本。ムカデは漢字で百足と書くが、実際に

片側に7本、計14本の足をもつワラジムシ

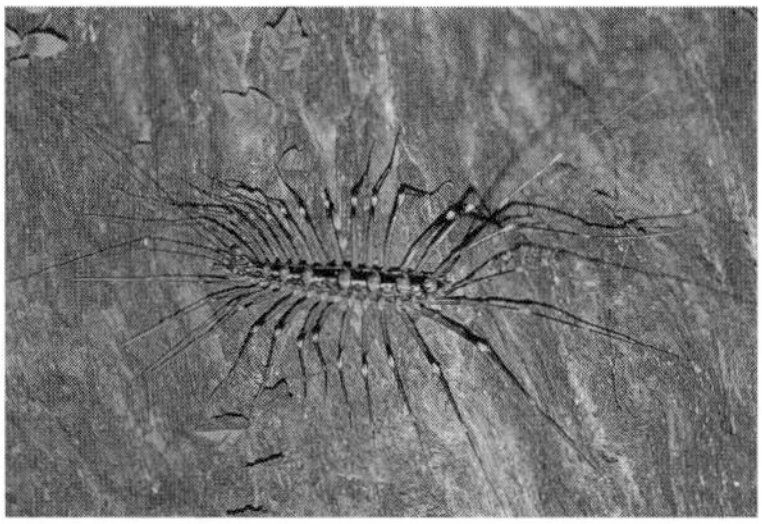

ゲジゲジの足は30本

は三〇本から三七〇本まで変化に富む。さわると渦巻きになるヤスデも足が多く、四六本から三六〇本まである。

一体、神様はどうやって動物たちの足の数を決めたのだろうか？　私たちはたった二本の足でも時々からまったりするのに、一〇〇本以上もある足を順番にきれいに動かす虫を見ていると、不思議な気がしてくる。

新幹線より速いツバメ

この地球上で一番速く走る動物はチーターだといわれる。時速一一〇〜一三〇キロメートルは出せるということだから、同じ草原にすむ時速九〇キロメートルのガゼルの仲間を追いかけて捕まえることができる。ヒグマは時速五〇キロメートルで走るというから、一〇〇メートルを一〇秒ちょうどで走る選手でも、時速に直すと三六キロメートルだから、ヒグマから逃げおおせることはできない。ヒグマに追いかけられたら、残念ながら諦めるしかない。しかし、時速六五キロメートルの猟犬は時速八〇キロメートルで走るノウサギを捕まえることはできない。だから、猟犬はノウサギを追い出して猟師に撃たせるだけの役目に止まっているのである。

ウサギが出たついでに、ウサギとカメの駆けくらべの話を考えてみよう。ウサギはカメを馬鹿にして途中で昼寝をしてしまったために、カメに先を越されてしまうのだが、ウサギはいったいどのくらいの時間、昼寝をしたのだろうか。ちょっと計算してみよう。ウサギの速力が時速六五キロメートルに対し、カメは時速〇・五キロメートル、「向こうの山のふもと」まで一キロメートルだったとしよう。ウサギが全速力で走れば、たった一分で行ける距離である。カメの速さでは二時間かかる。ということは、ウサギは二時間以上昼寝をしてしまったことになる。

空を飛ぶ鳥の速さは、どのくらいだろうか。特急列車の名前にも使われたツバメは最高時速二八〇キロメートルをこえるというから、時速二〇〇キロメートルで走る新幹線を追い越すことだってできるのである。同じく特急列車の名前になったカモメは速そうであるが、時速四八キロメートルで、カラスよりも遅い。

ただし、以上に示した速度はそれぞれの動物の瞬間的な最高速度であろうから、どのくらい長い時間速く走り続けられるかは、別問題である。アフリカの大草原でチーターが狩りをする場面をテレビでよく見るが、チーターは決して遠くから追いかけず、獲物に気づかれないように、できるかぎり近づいてから飛び出す。つまり短距離でのスピードに自信はあっても、その速度を長距離持続させる自信がないのである。だから、狩りが成功する場合も失敗する場合もある。その辺の確率が微妙で、捕食者と被食者の走る速度や持久力のバランスがちょうど良いところに設定されているがために、両方が共に生き続けることができるようになっているのだと思う。

動物は全速力で走っているときでも、樹木にぶつかったり、崖から落ちたりはしない。どんなに速く走っていても、障害物を避けたり、方向転換したり、急停止したりする反射神経が働く範囲内で走っているからである。もし、最高時速七〇キロメートルで走れるシカに特別な薬物かなにかを与えて、その倍の一四〇キロメートルで走らせたとしたら、おそらくそのシカは樹木に激突して死ぬだろうと思う。つまり、シカはそんなに速く走れる動物ではないので、それに対応した反射神経を持っていないからである。

さて、人間はどうであろうか。ヒトが自分で走ることができる最高速度は時速三六キロメートル(一〇〇メートル一〇秒として)であるが、自動車に乗れば時速一〇〇キロメートルでも走れる。しかし、現われた障害物をとっさに避ける反射神経は最高時速三六キロメートルに見合うようにしか設定されていない。肉体的に自分が出せる最高時速の三倍ものスピードで移動して、事故を起こさないほうが不思議である。多発する交通事故の根源は、実はこのようなところにあるのだということを、考えなければならないのではないだろうか。

ダニ学というと笑われる

「ダニ学」と言うと、どうしたことか、みんな笑う。なにがおかしいのか、私にはよくわからない。鳥類学、魚類学、昆虫学があるなら、もう少し細かく分けて、ネズミ学、ミミズ学、アリ学、ダニ学などがあってもいいではないか。英語のacarology、ドイツ語のMilbenkunde の日本語訳が「ダニ学」なのである。四年に一回、国際ダニ学会議というのが世界のどこかで開催され、わが国にも日本ダニ学会という学会が存在するのである。ダニを研究する人は、ダニ学者acarologist と呼ばれる。

「ダニ学」と聞いて笑った人は、多分、ダニを特殊な、小さな動物群だと勘違いしているのだと思う。あまり種類の多くない、血を吸う虫けらの研究に「学」をつけたりするのはおかしいではないか、というのだろう。

ところがどっこい、ダニは現在名前がつけられたものだけでも約五万種、まだ無名のものにまで名前をつければ何十万種になるか見当もつかない。日本から報告された種は、いまのところ一八八四種だが、研究が進めば、おそらく一万種をこえるだろう。しかも、それらの種はこの地球上、赤道直下の熱帯林から北極のタイガ、ツンドラ、南極の氷上のコケの中に至るまで生息し、自然界では森林、草原、湿原、海岸、洞窟、湖沼、河川、人手の加わった場所では果樹園、畑、水田、牧場、さらには都市の公園、道路の植え込み、学校の校庭、住居、電車やバスの中にまで、この地球上ダニのいないところを探すほうが難しい。ダニのいない場所を強いて探すなら、陸上ではいまなお噴火中の活火山の噴火口の中ぐらいしかないだろう。

ダニの生態もさまざまであるから、人間とのかかわりもまたさまざまであり、ダニ学の取り扱う範囲も広い。鳥獣や人の血を吸うダニ、伝染病を媒介するダニ、食品にわくダニ、住居の中にすむダニ、農作物に加害するダニなどはよく知られているが、ダニを捕食する有益なダニ、トンボやセミなどの昆虫につくダニ、池や沼の水中を泳いでミジンコなどを食べるダニ、温泉の中にすむダニ、洞窟の中にすむ真っ白なダニ、森の地面の下にすみ、落ち葉を食べて分解し肥沃な土をつ

ダニ学会のロゴマーク

くってくれるダニ、掛け軸の表装に使う古糊をつくるのに欠かせないダニ、ドイツである種のチーズに風味をつけるのに必要なダニなどになると、ほとんどの人が知らない。

だから、毎年一回行われる日本ダニ学会の大会にやってくるダニ研究者の顔ぶれも実に多彩である。会員数は約三〇〇名、医者、獣医、衛生学者、動物学者、製薬会社の人、農業試験場の技官、土壌生物学者、生態学者、教師、学生、主婦。これらの人々がダニを中心に一堂に会し、発表を聞き、議論をし、夜は同じ宿舎に泊まって一杯やりながら夜が更けるまでダニ談義に花を咲かせるのである。

ダニ学は以上に述べたようにさまざまな分野にわたるから、「おもしろさ」も千差万別で一概にいうのが難しい。しいて共通点をあげるなら、「ダニの研究をしています」というと、みんなヘンな顔をしてくれるので、その顔を見るのが楽しみといえなくもない。世間一般があまり相手にしないものを研究対象に選んでいるという満足感もあるかもしれない。しかし、一番のおもしろさは、やはりまだ何もわかっていないという未開拓な研究分野だということであろう。

私の目下のテーマの一つ目は、ダニの分類学。すでに三〇〇種以上の新種を発見したが、まだまだ。この地球上に生息するダニに一種でも多く名前をつけてやりたい。トキ

ツルギイレコダニ

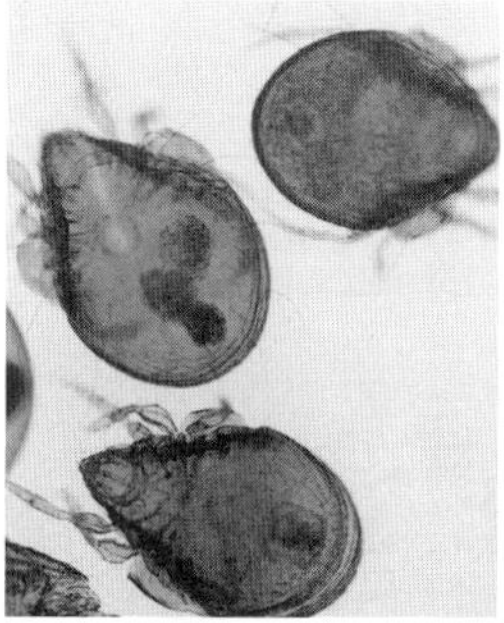

マルコソデダニ

は日本の自然界から消滅したが、まだ幸せなほう。なぜって、あんなに騒がれ、惜しまれつつ消えていったのだから。ダニになると、この地球から人知れず姿を消していった種もいることだろう。地球にはこんな姿形をして、こういう名前のダニが生存していたんだと、せめて生物の戸籍簿に登録ぐらいしておいてやりたい。

二つ目は、土壌中にすむササラダニ類は環境の変化に対して極めて敏感に種組成を変えることがわかってきたので、ダニを用いた環境診断法を開発すること。とくに土壌中に生息するササラダニ類はたいへん種類が多く、人間活動による自然への干渉によって弱い種から順番に姿を消していく。しかし、大都市のビルの前の植え込みのような最悪の環境になってもなんらかの種がしぶとく生き残っている。つまり、環境の指標生物として最適なのである。自然の変化をダニに聞いてみる、こんな謙虚さが人間にもあっていい。

接触なき性

私たちが森の中を散策しているとき、だれも気がつかないことなのであるが、いま踏みしめて歩いている落ち葉の下や土の中には無数のダニがすんでいるのである。かれらはササラダニ（簓蜱）類という一群の生物で、体は中世の騎士を想わせるいかつい装飾を施した堅固な鎧におおわれ、蟹のはさみのような強大な口器でもって落ち葉や枯枝をせっせと噛み砕いては、肥沃な土壌を製造する大役を果たしている。もちろん、人間様や動物の血を吸うようなことは絶対にしない。この小さな森の住人たちにも雌雄の区別があるのだが、外形的には最近の若者たちのように、前から見ても後から見ても区別が困難なほどよく似ている。

その生殖法というのが常識からすればまた一風変わっていて、雌雄が交尾をするということがない。ササラダニの雄は地面に脚を踏んばって、生殖門からねばっこい粘液をたらし、体を持ちあげると、それは水飴のように伸びて空気に触れて固まり、その先端には精子の入った球形の袋を付着させる。この、あたかもバスの停留所のような形のものを地面に立て終ると、雄はすたすたとどこかへ去ってゆく。やがて通りすがりの雌がこれを見つけると、かの女はその上に股がって生殖門を開き、柄の先についた精子入りの球（精包）を体内に取りこんで受精する、という具合である。

だから、ササラダニの雄と雌はまったく接触しないばかりか、相手の顔すら確認できないのである。かれはただ、姿の見えぬ恋人のために大切な贈り物を残して立ち去ってゆくだけである。それで十分満足しているのである。そこには人間の男女間にみられるような、ややこしい手続きもなければ、男同士、女同士の醜い争いもない。なんと淡々として優雅な方法であろうか。

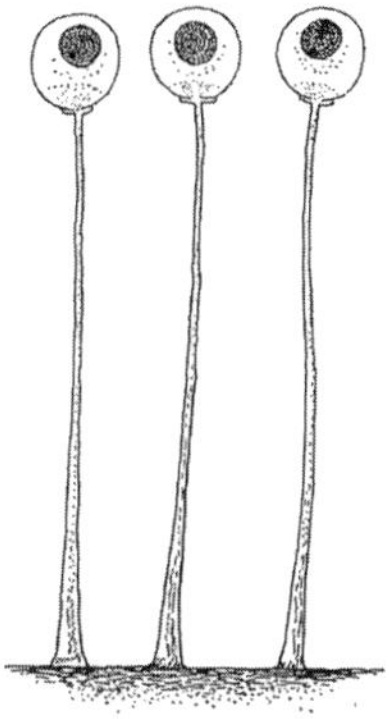
ササラダニの精包

ダニの世界では、このような間接的受精方法がごく当り前であって、その他にもいろいろな方法がある。しかし、雄がちゃんとしたペニスを持っていて交尾をするものといえば、農作物に害をするハダニと鳥の羽毛の中にすむウモウダニくらいのものであって、こちらのほうがむしろ例外的な存在なのである。

さて、ダニ以外の動物界を見わたしても、「接触のないセックス」はいくらもある。魚の仲間が大部分そうで、サケでもトゲウオでも雄が巣をこしらえて、そこへ雌を案内し、産卵が終ると卵塊めがけて雨のごとく精子を降り注がせる。一方、回遊魚の場合には、どこかへ卵を産みつけるということもなく、雌雄がペアになることもないので、群をなして泳ぎながら不特定多数が卵と精子を海中に放出して受精するらしい。

魚類の中で交尾とよべる行為をするものはウミタナゴとかグッピーとかいう卵胎生のものだけで、この場合には雄の尻鰭《しりびれ》の変形物を雌の体内に挿入する。カエルだって雌雄が交尾しているかのように見えるけれど、実は雄は大きな雌の背中に〝おんぶ〟しているだけであり（動物学者は抱接とよぶ）、いくら調べてもどこもどうもなっていない。そのくせ、雌が産卵しはじめると雄も精子を放出して体外で受精が行われる。

こういった受精の方法が動物界に広く存在していることを知らされるのは、我々人間にとってかなりのショックである。なにか私たちがひどく助兵衛に見えてきて、居ても立ってもいられなくなる。受精の際の人間の行為は子孫を残すための神聖なものとして正当化され、そのためにこそ性欲もあるのだと理解してきたのに、なあに、そんなことをしなくても、ちゃんと子孫を残している連中が他にたくさんいるではないか。かれらを受精行為に駆り立てるものは、どうも性欲、少くとも結合欲ではない。

一方、昆虫にしろ、爬虫類や哺乳類にしろ、いわゆる交接を行う動物（必ずしも高等なものばかりとは限らない）の雄には性欲らしいものがあって、必死になって雌を追跡して結合を迫る。しかし、雌のほうにはまったく欲求というものがないらしい。まったく無関心であるか、いやがって逃げ回るかのどちらかである。

交尾中のカマキリの雌は、よくバッタなどを鎌にはさんで貪り喰っている。背中に雄が乗っていようが、なにをされていようが、そんなことにはお構いなしといった風である。いや、むしろ食事中であったからこそ、それに気を取られていたために交尾されてしまったというほうが正しいのかもしれない。背中の雄を交尾中に食べてしまうのも、決して強い愛情の現われなんかではなく、とにかく喰えそうなものが近くにあったから喰ってしまっただけのことである。それが交尾中の相手であるなどということはまったくどうでもよいことにちがいない。

そこへゆくと、人間の雌は少しでも気をそがれたらだめである。セックスに没頭できなくなる。しかし、よく考えてみると、これは当然のことであって、雌までが雄と一緒になって行為に没頭するなんていうことが、実は大変無理不自然なことであり、それを人間の雌は大脳の過度の発達による高度の精神作用によって行おうとするから、少しでも気が散るとだめになるのであって、本質的にはカマキリの雌と変わりないことがわかる。雌というものは元来そういうものであって、子を作る（胎内で育て産む）のは確かに雌ではあるが、作ろうとするのはあくまで雄のほうなのである。

しかし、その前の段階で、雌雄どちらが先に相手に近寄ってゆくかという段になると、これまた人間の常識とは少し違っている。すなわち、雌のほうから雄に引き寄せられてゆく場合が断然多い。雌雄異体の動物の世界では、まず例外なしに雄のほうが美しい。人間の目からみて美しいという表現が悪ければ、とにかく姿や色彩が派手で目立ちやすくできている。

クジャクの尾羽の見事な飾り、カモの首の緑色、ウソの紅色の頬っぺたなど、みな雄の所有物であるし、カラスアゲハの瑠璃色の輝き、モンキチョウの鮮かな濃黄色の翅色などは雌ではすっかり冴えない色になっている。魚類の中でも熱帯魚の雄の美しさは雌をはるかにしのぐし、生殖時期に婚姻色という美しい色を表わす魚もある。

姿形以外にも、セミ、コオロギ、キリギリスなどは雄だけが美しい楽音を奏でる。また、ジャコウジカ、ジャコウネコ、ジャコウアゲハなどの雄はよい香りを出すので有名である。

動物界の雌どもは、このような雄の姿形・色彩・香りなどに誘引され、近寄ってゆく。樹の幹で鳴いているセミは決して雌を求めて歩き回ったりしない。ただじっとして鳴いている雄蟬の近くの枝を探すと、無声の雌がじわじわと雄のいるほうへ近寄ってゆくのを見ることができる。近くへ来てからの行動は別として、遠方から異性を引き寄せるのは着飾ってお洒落をした雄のほうであって、わずかの例外を除いて雌ではないのである。

この点でも人間の世界は変わっている。雌のほうが美しく着飾って目立とうとしたり、香水をつけたりするのは生物学的には不自然極まりない。しかし、近ごろの男性諸君は派手な服装をして着飾りはじめている。これを見て、私以外にも眉をひそめて嘆く人が多いが、考えてみると、これこそは本来の男性的な姿なのかもしれない。〝男性的〟という表現が生物学的には不自然に地味な男に対する形容詞としてすでに使われてしまっているというのなら、蝶のようにきらびやかな男性は〝雄的〟とでもいうべきだろうか。

男性的と雄的の違いは、前者には〝力〟があり、後者にはそれがないことである。雄にとって最も大切な唯一の仕事である種付け作業のほかに、男性には力を必要とする二次的な役目が課せられたからである。動物の世界で男性的なのは、わずかの例外（クワガタムシやカブトムシ）を除いて脊椎《せきつい》動物、中でも哺乳類に限定されてくる。これは子を育てる雌や子を外敵から守るという役目をするようになったためである。

したがって、ライオンでもサルでも雄は力強く逞しい。見るからに男性的である。これは人間でも同様であった。それが最近になって、人間の男は男性的でなく雄的なものへと逆戻りしだしているらしい。そして、その原因は次のように考えられる。

つまり、現代においては男の力というものがすでに価値を失いつつあるということである。いままで男が力を駆使してやっていたことは機械にとって代り、人間がどうしても手足を使わなければならない作業は力よりも機械にない融通性を必要とすることだけとなってしまったのである。男が力づくで妻子を守り、力づくで食べさせる必要はもはやない。それに、やたらと〝力〟を駆使しようものなら、豚箱入りになってしまう世の中である。

つまり、人間の男は哺乳類の一員として与えられた二次的な役目をもはや返上してもよいことになって、本来の雄の姿、種付け専門の雄の姿に戻ってきたのである。それが昨今のポルノブームとやらと関係があるかどうか知らないが、そういう意味からは人間の男は男性的なゴリラやサルよりも、その他の脊椎動物よりも、むしろ昆虫などの無脊椎動物の雄に近いものになりつつあるといってよい。

無脊椎動物の雄は自分の生命を維持するに必要な分だけ食べるための努力をし、あとは種付け作業に専念して死ぬだけである。いや、人間の男には仕事と遊びがあると言い張る人があるかもしれないが、仕事とか遊びなんてものは生物学的には大して重要なものではないのである。

しかし、そうかといって、ササラダニの雄のように、男が精子入りの袋をあちこちに置き去りにして、それを女が拾って歩くというふうにはなることはあるまい。人間の脳は過度の発達を遂げてしまったために、かくも重大なセックスの問題を男はどうしてもまじめに考えられなくなってしまっているし、女のほうは女のほうで、他の動物の雌にはありえない性欲らしきものが備わってしまっているから、このササラダニの〝エレガント方式〟は受け入れられそうもないのである。

自然界の不思議――オスとメス

人間の世界では、男は大きく力強く、女は美しく優しい、ということになっている。中には、そうともいえない人もいるにはいるが、世間一般ではこれが通り相場になっている。

しかし、動物界を広く見わたしてみると、どうも人間の世界とはかなり異なっているようである。確かに、ライオンの雄は雌よりも大きく立派であるが、「ノミの夫婦」のように雌のほうがはるかに大きいものもたくさんある。美しさにおいては、クジャクの例をあげるまでもなく、雄のほうが美しいのが常である。

ヒトという特殊な生物の男と女の問題を考えるにあたって、生物界一般の雌雄の本質をさぐってみるのも、あながちムダではないだろう。以下、人間の世界の常識では理解しがたい動物界の男女の話をしてみたい。あまり深刻に考えないで、「ヘェー、そんな話もあるのか」と思っていただくだけでもよい。

動物にはすべて雌雄の区別があると思ったら、間違いである。アメーバやミドリムシのような単細胞の動物では、オスとメス（以下雄雌をカタカナ書きにする）の区別などありはしない。海綿やサンゴ（これらはれっきとした動物である！）、クラゲなどにもオス・メスはない。もう少し高等になって、ワムシ（池沼の中にいる小さな虫）になると、やっとオスの個体とメスの個体が区別されるようになる。

それでは、ワムシよりも高等な動物は、みなオス・メスの区別があるかというと、そうはいかない。その異端者はミミズとカタツムリである。ミミズは一匹の個体がオス・メス両方の生殖器官を持っているのである。つまり、精巣・卵巣・輸精管・輸卵管・雄性孔・雌性孔・受精嚢などが一匹のミミズの体内に同居しているのである。

こういうことをいうと、たいていの人は、「それじゃあ、ミミズは自分でセックスするんですね」などという。ところがどっこい、そうはいかない。受精のためには、やはり相手が必要なのである。ミミズを手にとってよくみると、体の前方寄りのところに少し色のちがうバンドのようなものがある。ここは環帯と呼ばれ、その近くにオスの穴とメスの穴がある。近づいてきた二匹のミミズは互いに体前方の腹面を密着させ、それぞれのオスの穴とメスの穴をあてがい、互いに精液を相手に送り込む。シマミミズではオスの穴のところが伸び出て陰茎のようになり、相手のメスの穴にさしこまれる。フトミミズでは、そのような突起物が出ないかわりに体から特別の粘液が分泌され、これがゴムの膜のようになって接合部分を締めつけ、両者はちょっとやそっとでは離れられなくなる。

カタツムリも雌雄同体で、ミミズと同じようにうらやましい（？）交接を行う。まず触角（つの）を触れあったのち、つののつけ根付近の右側にある生殖孔から恋矢《れんし》と呼ばれる槍のようなものを出し、これを互いに相手の生殖口に挿入して精子を送り込む。ナメクジは家を背負っていないだけで、やはりカタツムリの仲間であるから、同じようなことをやる。しかし、ナメクジを一匹ずつ隔離して飼っていると、ついにたまりかねて、自分で受精することもあるという。

世にいう性転換手術で、いままで男だった人が女になったり、女だった人が男になったりする例は、それがとくに有名な芸能人やスポーツ選手であった場合は、一般の人々の興味を大いにひくものである。しかし、この念願はだれにでもかなうものではなく、もともと半陰陽といって男女両性の器官を程度の差こそあれ備えていた人が、手術によって、だれが見ても男か女かはっきりするようにしたにすぎない。これは外見と、ある程度までの機能に関することであって、本当の生殖機能や染色体を調べれば、やはり男は男、女は女のままであることに変わりはないのである。

ところが、動物の世界では、もっと本格的な性転換が自然に行われる例がいくつも知られている。あの美味しいカキという貝は漢字で「牡蠣」と書く。いつ見ても牡（オス）しかいないようなので、昔はこのような字を当てたのであるが、実は一生の間にカキはオスになったりメスになったりという変身を数回くり返すことが知られている。女が男になり、あとで後悔してやっぱり女がよかった、と女に戻れたりしたら、さぞかし便利なことであろう。

魚のクロダイも同様なことをやり、若いうちはオスであるが、やがてメスに変身する。これは、まず精巣やそれに付随する生殖器が成熟して雄相を現わし、精子を放ったのちに、オスの生殖器官が退化し、かわって卵巣やメスの生殖器官が成熟してくるというわけである。ただし、クロダイの場合、男としての体験ができるのは若いうちだけである。

同じ魚類でもクマノミの場合は生態的にさらにおもしろい。熱帯魚を売っているお店の水槽によくいる種で、黒褐色で腹が赤く、側面に二本の太い白帯のある小魚である。このクマノミのメスは何匹かのオスに囲まれて暮らしており、オスの中で最も順位の高いオスがメスとペアになっている。しかし、メスが死んだりすることがあると、そのメスの夫だったオスはメスになり、いままで第二順位だったオスとペアをつくるのである。ふざけるな、といいたいが、これはまじめな話。

ヒトの男女の数はほぼ半々である。染色体の組み合わせによって男か女かが決まり、そのチャンスは確率上一対一であり、それに何かの要因が作用して、わずかに男のほうが多くなっている（詳しくいうと男が五〇・一〜五〇・四%）。世の親たちは男の子がほしい、女の子がほしいと、生まれてくる子に対してかなり強い希望をもっている。また、現代医学の発達からみて、男女の生みわけぐらい、もうそろそろできそうなものだと思う人が多い。お医者さんたちは、それができないのではなく、やはりしないのであろう。なぜなら、男女の比率が一対一より大幅に変わってしまったら、大きな社会問題になろうし、ヒトという生物の場合には、この比率が最も適当であり、それを人為的に操作することは危険であることを知っているからであろう。

さて、動物の世界ではどうであろうか。図鑑などを見ても種類ごとに性比など書いてないが、人間と同じようにオス・メスほぼ半々というものが多い。たとえば、ウシ、ヤギ、ブタ、イヌ、ネコ、ウサギなどはヒトと同じようにオスのほうがわずかに多く、ウマ、メンヨウ、ニワトリではメスのほうがわずかに多いが、大差はない。もっとも、これは生まれてくる子についての性比であって、家畜の場合にはその利用目的によって、雌雄どちらかが育てられないことも多く、成獣あるいは成鳥の性比はまた別である。人間でも、老人の性比は逆転して女の比率が高くなるだろう。

話が無脊椎動物になると、性比が極端なものがでてきて、メスにくらべてオスがずっと少ない例がよく知られている。ミツバチの一つの巣には、ふつう何万匹もの蜂がすんでいるが、そのうちオスは二〇〇〜三〇〇匹しかいない。なぜこうなったかというと、ミツバチの女王はふつうは受精して産卵し、その子はみなメス（女王と働き蜂）になるが、たまに受精しないで産卵し、この未受精卵だけがオスになるからである。メスだけで子を生むことを単為生殖というが、これが性比に関係してくる（子を産み育てるには、必ず精子が必要とは限らないのである）。

バラの新芽などにつくアブラムシ（俗称アリマキ、台所のアブラムシはゴキブリの俗称）は、春から夏にかけてメスだけでどんどん子をふやしてゆく。しかし、その子たちはみなメスになる（受精しないとオスだけ産むミツバチとは逆）。秋になると、低温の影響でやっとオスが現われ、はじめて受精卵が産み落とされ、その卵が冬を越す。したがって、秋になる前まではメスばかりということになる。

水中にすむ微小生物ワムシの一種ではさらに徹底していて、いくら探しても一年中メスしかいない。どうやら、この種にはオスというものはいないらしく、メスによる単為生殖だけで子孫を残しているらしい。

ギリシャ神話を読むと、アマゾン族という女だけの強い種族がでてくる。彼女らは戦いと狩りを日常の仕事とし、武器の使用の邪魔にならぬよう右の乳房を切り落としていたという。しかし、さすがに単為生殖はできなかったらしく、種族保持のために一年のある時期にかぎって他の種族の男と交わり、生まれた子のうち女だけを育てたという。

人間の目からみると異様な例を少し書きすぎてしまったが、ふつうにオスとメスがいて、きちんと受精が行われるものだってたくさんある。ただし、その愛の交歓図はさまざまに異なっている。いわゆる交尾という形、つまり雌雄の性器の結合をともなう場合も多いのは当然であるが、これについてあまり詳細に述べると本書の風格を傷つけることにもなりかねないので、あまり知られていない受精方法について述べよう。

クモのオスはたいへん用心深くメスに近づく。糸をはじいて信号を送ったり、踊りをしたり、メスのお許しがでるまで辛抱強く待たなければならない。不用意に近づけばたちまちメスの餌食になってしまうからである。お許しがでると、オスは精網と呼ばれる小さな網をつくり、その上に精液をたらす。これを触肢（口器の一部）ですくいとり、

ジョロウグモのオス（上）とメス（下）

急いでメスの生殖器に注入する。チョイチョイとやったら、すぐに逃げないとあぶない。アッという間の出来事である。なんでこれしきのことのために、あれほど辛抱し、命がけの行動をとらねばならないのか、私たちにはまったく理解できないことである。

落ち葉や土の中にすむカニムシの場合は、もっと間接的な受精が行われる。この虫は立派なはさみ（触手）をもっていて、雌雄は相対して、はさみで相手のはさみをつかみあい、いわゆる婚姻ダンスを行う。やがてオスの生殖門からは精包（精子の入った丸い袋）が押しだされ地面に置かれる。オスは後退しながらメスを引っぱってきて、精包の上に位置させると、メスは生殖門を開いてその精包を体内に納めるのである。

同様に落ち葉の中で生活するササラダニの場合は、オスとメスは体を触れあうこともなく、オスが地面に置いた精包をメスが拾う。川にすむトゲウオは何日もかかって水草の根や茎で巣をつくり、近くを通りかかったメスを案内して巣に入れ産卵させる。卵を生み終わってメスが巣を出ると、オスは巣内に入って卵に精液をかけるのである。

要するに、かれらの場合には肉体関係などはないわけで、クモは口を使うだけ、カニムシは手を握るだけ、ササラダニは贈り物をするだけ、トゲウオは家を建ててやるだけ（しかも妻はすぐに家出してしまう）なのである。よくもまあ、こんなことでオスが満足しているものだ、とつくづく感心してしまう。

オスが大きく力強いというのは脊椎動物（とくに哺乳類）の一部についていえることであって、動物界全般には通用しない。カブトムシやクワガタムシのオスがメスより大きいのも、昆虫の中では例外中の例外であって、メスのほうが大きいのがあたりまえである。極端な例では、ジョロウグモのメスが二〜三センチあるのにオスは六〜一〇ミリの体長しかない。環形動物の一種ボネリムシのメスは二センチ、オスは一ミリで、あわれメスの膣内に寄生生活をしている。

動物界では、色彩が美麗なのはオスのほうである。クジャク、キジ、オシドリなどの鳥、ミドリシジミ、シオカラトンボなど、その例はたくさんある。また、鳥やセミにしても、美しい声で鳴くのはオスのほうである。

本来、お洒落をしたり、歌をうたったりするのはオスの特性であるのだから、女が着飾り、美しい歌声で男をひきつけるのは動物界一般からみれば極めて異常なことである。近ごろの若い男性が弱々しく美しくなってきたのを嘆く人があるけれど、これは案外、生物のオスとしての特性を人類が取り戻しつつあるのかも知れない。

騙しのテクニック

亜熱帯や熱帯の森を歩いていると、生物が生き延びるために、さまざまな「騙《だま》し」の技をもっているのに感心させられる。もっとも多いのは「隠れ」の技である。

枯れ葉にそっくりなコノハチョウは有名であるが、カレハカマキリも地面に落ちている落ち葉と区別がつかない。ナナフシムシの一種でイネ科の植物の枯れた茎にそっくりなのがいて、しかもそれが腐りかけてカビが生えているところまで細工をしてあるのには、驚いた。

ムシクソハムシなんてケムシの糞にそっくりで、笑ってしまう。ほとんどがかれらの捕食者である鳥に対する対策であって、人間よりも目のいい鳥を騙すためだから、それはもう凝りに凝るわけである。

シャクトリムシ（シャクガの幼虫）は後ろのほうの足で木の幹に付着し、体の前のほうをピンと斜めに伸ばしていると、その形と色が小枝にそっくりである。山で仕事をする人たちが昼食時にこれを枝と間違えて土瓶をひっかけると、土瓶が落ちて割れてしまう。そこで、この幼虫のことを「どびんわり」というのだそうな。

隠れるのではなく、逆に目立つ「脅《おど》し」の技もある。アケビコノハという蛾の仲間が、枯れ葉にそっくりな前翅をずらすと、突然後翅の表面に描かれた大きな目玉模様が現われる。大型のフクロチョウの後翅の裏面は灰色で、そこに大きい目玉模様があるので、一見して梟《ふくろう》に見え、小鳥は逃げ出すのだろう。

ボルネオの原生林の大木の幹に円形に密集していたキジラミ（半翅目《はんしもく》の昆虫。カメムシやセミの仲間）に私が近づくと、かれらは一斉に放射状に広がって塊を広げる。小さい円が急に大きい円になるので、見るものはびっくりする。広がっても密度は均等である。キジラミ同士でどういう打ち合わせがしてあるのか、まったく不思議である。

脅しの中でも、ずるいのは危険な種に似せる技で、擬態《ぎたい》と呼ばれている。毒針をもつ蜂にそっくりな黒と黄色の縞模様をもつハナアブがいる。アブの中にはウシアブのように刺すやつもいるが、ハナアブは菜の花などの花の蜜を吸うだけで刺さないのに、怖がられる。トラカミキリは見事にスズメバチに化けている。クチナシの花によく飛んでくるスカシバという蛾も翅が透明で蜂にそっくりである。

ドクチョウの仲間は苦いらしく、鳥が敬遠して食べない。その翅は独特の細かい白黒のまだら模様になっている。これに目をつけて真似する無毒の蝶がたくさんいることも知られている。

これらはみんな外敵から逃れるための技であるが、餌を捕まえるために隠れる場合もある。さきほどのカレハカマキリなどは、鳥の目を騙す意味もあるが、カマキリ

海藻にそっくりのケブカガニ

と気がつかずに近寄ってきた虫を一瞬のうちに捕獲するためでもある。中国の雲南省の森で見たことであるが、幹の表面に付着していたゴミ（と思われたもの）が、急に動きだした。そのゴミを捕らえてアルコール瓶に入れて振ると、ゴミが取れて中から肉食性のサシガメが現われた。このカメムシは自分をゴミに見せかけて近づいてくる虫に飛び

ついて捕食するのであろう。

　このような騙しの技は、寒い地方や乾燥した土地ではほとんど見られない。そこにすむ生きものたちにとっては温度、水、栄養源など厳しい環境問題が最重要課題であって、他の生物のことは二の次になる。ところが、気候温暖で水分も餌も豊富な熱帯林では、生活の最大の心配は外敵である。それからいかに逃れるか、さまざまな工夫が発達したのだろう。

　人間も食うや食わずの厳しい時代には、お互い仲良くやっている。しかし、いまの日本のように衣食足りてくると、騙しのテクニックが横行してくるように思われる。

植物、この不思議な生きもの

私たちは「生きもの」と言ったとき、ふつうは動物を思い浮かべる。目があって、口があって、歩いたり飛んだりして移動し、餌を食べる。まず植物を思い浮かべる人は少ない。しかし、植物もれっきとした生きものであり、陸上における植物の重量合計は動物のそれとは比べものにならないくらい大きい。

あらためて植物を眺めてみると、その不思議さに驚く。まず、大きさである。熱帯林には樹高六〇メートルに達する巨木があるが、動物の中で最も大きいシロナガスクジラでさえ最大体長が三〇メートルである。次に寿命である。屋久島の縄文杉は樹齢七二〇〇年といわれるが、動物の中での長寿記録はゾウガメの二〇〇年であるから、とても植物の長寿には及びもつかない。街中の公園のクスノキやケヤキの大木も、われわれの曾祖父の時代よりもずっと昔からそこに立っていて、人間どもの生活をじっと見下ろし続けていたに違いない。

街路樹はときどき人間によって枝打ちされる。もし人間ならば、腕や足をバッサバッサと切断されるようなものである。それでも樹木は悲鳴もあげずに生きつづけ、そこからまた新しい手足を伸ばしていく。まるで化け物のようだ。植物は毎年、体の一部である葉、枝、花、果実などを地面に落とす。それらは地中にすむミミズやダンゴムシなどの小動物によって噛み砕かれ、さらにカビやバクテリアなどの微生物によって分解されて無機物となり、再び根から養分として吸収される。人間にたとえるならば、自分の抜け毛、剝離した皮膚、排泄物などを再び食べて栄養源にしているようなものである。

一本の木に雄花と雌花を持つ樹木、一つの花の中に雄しべと雌しべを持つ植物はふつうに見られるが、これは雌雄同体、両性具有の生きものである。動物にもあるが、ミミズやカタツムリなど、わずかな例が知られているにすぎない。しかも、動物の場合は自分だけで受精することはできない。

植物には感情がない。したがって、喧嘩をしたりはしないと思われている。しかし、よく調べてみると、植物は動物以上に熾烈な争いをしているらしい。動物のように吠えたり、噛みついたりしないだけのことである。ほとんどの植物にとって絶対に必要な日光の争奪戦はすさまじい。土地の奪い合いもすごい。シイ、タブ、カシなどの照葉樹は極めて競争に強く、よい場所を占有してしまう。アカマツなどがそこへ入りこもうとしても絶対に入れてもらえない。アカマツは崖地や尾根筋の岩場、痩せて乾燥した土地に生えているので、そのような場所が好きなのだと思ってしまうが、実はアカマツだって、もっと肥沃な土地にすみたいのだ。しかし、そこには強い照葉樹が立ちはだかっているので、しかたなく第二希望、第三希望の土地に甘んじて暮らしているのである。

北海道のアカエゾマツも土壌の薄い乾燥した岩石地に生えているかと思うと、水分の多い湿原にも生えている。ちょうどよい水分のある場所はエゾマツやトドマツに奪われてしまっているのである。その代わり、アカマツやアカエゾマツは劣悪な環境にも耐えうる力を持っている。シイ、タブ、カシは環境が悪化すると、もう生きていけない。植物の世界では、競争に強いものは適応力が弱く、競争に弱いものは適応力が強いことになっている。動物の世界とはずいぶん違う。

ただし、人間社会では、権力者は耐える力が弱く、虐げられている者たちは耐える力が強い。まさに植物の社会に似ているようだ。

直立二足歩行

地球環境の破壊は、ヒトという極めて特殊な生物の出現によるといってよい。では、なぜヒトは特殊な生物になりえたのか。それはわれわれの祖先が二本足で立ち上がって歩きはじめたことによる。ただ二本足で歩くのなら、中生代の白亜紀にヒトよりもはるか前にティラノサウルスなどの肉食恐竜がやっていたことである。いまでもヒト以外にカンガルーは二本足でピョンピョン跳ねている。しかし、その時、背骨はほぼ水平に近く保たれ、前に倒れないように太い尻尾でバランスをとっている。ヒトの場合は背骨が真っ直ぐに立った。つまり直立二足歩行である。

そのことがなぜヒトを特殊化させたか。それは脳重の増加と関係がある。ためしに、重たい本を数冊風呂敷に包んで結び目を口でくわえ、床を四つん這いになって歩いてみるとよい。たちまち首が疲れてダウンしてしまう。しかし、立ってその風呂敷包みを頭に乗せて歩いてみると、まったく楽に運ぶことができる。

沖縄の島々では漁師の夫が獲ってきたたくさんの魚を大きなたらいに入れ、女房たちがそれを頭に乗せて楽々と運んでいる光景を見る。つまり、直立した背骨は脳が重たくなっても、それを支えることができたのである。

それと相俟《あいま》って、二足歩行によって歩行運動から解放された前足は「手」としての働きを許されることになる。そして、手は道具を使うことを可能にし、それはさらに脳の発達を促した。

一方、いままで口が行っていたことを手がやってくれるため、口は力仕事から解放され、口は出っ張らなくなり、顔面に引っ込み、頬が口をおおった。そのことは、さまざまな音声を発することを可能にした。ワニのように口が出っ張っていたら、「ガアー」くらいは言えても、「ピュ、ミヨ、ニヨ」などの複雑微妙な発音はできるわけがない。この言語の発達はますます脳重を増加させていったのである。

かくして重たい脳を持った生物ヒトは、道具を使い、火を使い、大型動物を捕獲し、家畜を生みだし、作物を栽培し、地球上における生息数を爆発的に増加させていった。さらに、ダイナマイト、チェーン鋸、ブルドーザーなどの機械は瞬時のうちに地形や植生を変え、大規模な自然破壊が始まった。考えてみれば、ヒトの祖先が直立二足歩行を始めた、ただそれだけのことが現在の地球環境問題の発端だったのである。

ヒト以外の動物の世界を見わたしてみると、ある種の動物が増えすぎた場合には、かならずそれを抑制する現象が起きる。たとえば、病気が蔓延する、天敵が増えてくる、弱いものが取り残される、殺し合いが始まるなど、「密度調節作用」が見られる。

ヒトの場合には、この機構が働かない。誤解を恐れずに言えば、ヒトの外敵となる強い動物を殺す手段、飼育栽培技術の発達、医学の進歩、戦争抑止などが、密度調節作用をはねのけてしまう。そこで困り切った天がわれわれ人類に与えたのが、ミクロな敵であるウィルスと精神障害なのだと思う。

もう一度誤解をされないように言うが、殺し合いをして増えすぎた人口を減らせと言っているのではない。ヒト以外のほとんどすべての動物が「平気で」やっていることを人類はできない（人類は許さない）のだから、それこそ人類の叡智を使って他のことを考えなければいけないということであろう。

対数目盛りのグラフを用意し、横軸に動物の体長、縦軸に動物の生息数をとって、さまざまな動物の値を記入していくと、その点は右下がりの一直線上にほぼ並ぶ。つまり、「体の小さい生物ほど多く、体の大きい生物ほど少なくすみなさい」という自然の掟がある。そして、ヒトはこの掟を完全に無視している。地球生態系の中で、本来生物としてのヒトは一昔前のオランウータンやチンパンジーと同じくらいの数でいるべきなのである。

初出一覧

◆自然の恵みと命
自然の中の宝探し……『ナチュラル・ヒストリーとフォークロア』東海大学出版会
弁当のおかずは山で……『SEF科学教育通信』23号（二〇〇二年六月）㈶科学教育研究会
なんでも食ってやろう……『暮しと健康』一九七二年七月号　保健同人社
子供の虫取り禁止するな……『読売新聞』一九七七年八月二八日
うわべだけの「自然は友達」……『採集と飼育』一九八九年九月号　㈶日本科学協会
アジの干物がにらんでる……『APEX　CLUB』7号（一九九八年七月）アペックス産業
死んだらかわいそうな動物……『健康』一九八〇年一一月号　主婦の友社
私の好きな動物……『AERA Mook』22号「動物学がわかる。」一九九七年　朝日新聞社
ムササビ落とし……『神奈川新聞』二〇〇三年五月一八日
神社林詣で……『道路と自然』116号（二〇〇二年夏号）㈳道路緑化保全協会
もし、ヒトがいなかったら……『大学出版』59号（二〇〇三年冬号）大学出版部協会
◆感性の自然
ブナの森……『21世樹』4号（一九九二年七月三〇日）光洋建設
老樹のウロ……『21世樹』3号（一九九二年四月一〇日）光洋建設
梢を見上げて……『21世樹』2号（一九九二年一月一〇日）光洋建設
美しい和語から……『神奈川新聞』二〇〇三年八月三一日

珍虫……『群像』一九六九年三月号　講談社
セミ取り……『ＮＨＫ　中学生の勉強室』一九七〇年七月　日本放送出版協会
森の星々……『21世樹』９号（一九九二年一〇月一五日）・12号（一九九六年一二月八日）光洋建設
森のお化け……『環境衛生』一九七五年一〇月号　環境衛生研究会
感違いの勘違い……『環境衛生』一九七九年一〇月号　環境衛生研究会（原題・感ちがい）
カリマンタンの原生林……『随想森林』14号（一九八六年一月）㈶土井林学振興会

◆人の生活と生きもの

人家の同居生物……『望星』一九七二年九月号　東海教育研究所
日本人の生活とダニ……『文化財の虫菌害』43号（二〇〇二年六月）㈶文化財虫害研究所
食品ダニ過敏症……『食品衛生』一九八七年四月号　㈳日本食品衛生協会
不快動物……『東京新聞』一九六八年一一月二六日　中日新聞東京本社
花鳥虫魚—都会の生きものたち……『生命の科学』一九九三年六月号　中山書店（原題・花鳥虫魚）
デパートの屋上のダニ……『ちょうせい』26号（二〇〇一年八月一〇日）総務省公害等調整委員会
一緒に暮らしたい動物……『大学出版』55号（二〇〇二年冬号）大学出版部協会

◆生きもの豆知識

生きものの名前あれこれ……『大学出版』48号（二〇〇一年春号）大学出版部協会（原題・生物の名前）

日本のゴキブリ六一種……『大学出版』49号（二〇〇一年夏号）大学出版部協会（原題・生物の種類）
ワラジムシの足は一四本……『大学出版』50号（二〇〇一年秋号）大学出版部協会（原題・足の数）
新幹線より速いツバメ……『大学出版』51号（二〇〇一年冬号）大学出版部協会（原題・動物の速さ）
ダニ学というと笑われる……『AERA Mook』22号「動物学がわかる。」一九九七年　朝日新聞社（原題・一種でも多くに名前をつけてやりたい）
接触なき性……『現代思想』一九七三年二月号　青土社
自然界の不思議議―オスとメス……『セントラルマネジメント』一九八五年五月号　セントラル経営センター（現・三菱ＵＦＪリサーチ＆コンサルティング）
騙しのテクニック……『大学出版』53号（二〇〇二年夏号）大学出版部協会
直立二足歩行……『大学出版』58号（二〇〇三年秋号）大学出版部協会

青木淳一（あおき　じゅんいち）

1935年京都市生まれ。東京大学大学院生物系研究科修了。農学博士。ハワイ・ビショップ博物館研究員、国立科学博物館研究員、横浜国立大学教授、神奈川県立生命の星・地球博物館長をへて、現在、横浜国立大学名誉教授。ダニの研究により日本動物学会賞、南方熊楠賞などを受賞。主な著書『ダニの話』北隆館、『自然の診断役　土ダニ』日本放送出版協会、『土壌動物学』北隆館、『ダニにまつわる話』筑摩書房、『都市化とダニ』東海大学出版会。

自然の中の宝探し

2006年10月31日 第1刷発行

著　者　青木淳一
発行者　松信　裕
発行所　株式会社有隣堂
本　社　〒231-8623横浜市中区伊勢佐木町1-4-1
出版部　〒244-8585横浜市戸塚区品濃町881-16
電　話　045-825-5563　振替00230-3-203
装　幀　小林しおり
印刷所　図書印刷株式会社

ISBN4-89660-195-5 C0040